FRED&OTTO

Holger Wetzel / Mike Meinert

Inselführer für Hunde
FRED&OTTO
Unterwegs auf Sylt

FRED&OTTO

Impressum

Bibliografische Informationen der Deutschen Nationalbibliothek

Die Deutsche Nationalbibliothek verzeichnet diese Publikation in der Deutschen Nationalbibliografie; detaillierte bibliografische Daten sind im Internet über

http://dnb.d-nb.de abrufbar.

ISBN: 978-3-9815321-3-5

Grafisches Gesamtkonzept, Titelgestaltung, Satz und Layout: Stefan Berndt – www.fototypo.de

www.fredundotto.de

Illustration: Leandro Alzate (www.leandroalzate.com)

Abbildungsverzeichnis

Aah! Agenturalberthamburg, Holger Wetzel, Mike Meinert: S. 9, 10, 11, 12, 16, 17, 20, 21, 22, 23, 24, 25, 26, 27, 28, 29, 32, 33, 35, 36, 37, 49, 50, 51, 54, 55, 56, 58, 59, 63, 70, 71, 74, 75, 77, 82, 83, 84, 88, 89, 92, 93, 94, 95, 96, 98, 99 (oben), 100, 101, 102 (oben und Mitte), 103, 104, 109, 110 (oben und unten), 112, 113, 114, 115, 117, 119, 122, 124, 125, 128, 129, 132, 133, 135, 136, 142, 143, 146, 149, 150, 152, 154, 155, 164, 165, 168, 169, 171, 172, 173, 175, 180, 183, 186, 193, 195, 201, 203, 205, 206, 209, 220 (unten), 228, 229 (oben links, oben rechts, unten links), 236, 244, 245, 246, 247, 248, 250, 251, 252, 253

FRED & OTTO : S. 120 (Ina Maslok); S. 176 (Alexander Schug), S.187, 197, 230, 231 (Ina Maslok)

„Natürlich Sylt", Feldhaus Verlag: S. 39; PJRTCG e.V.: S. 41, 43; Jagdgefährten e.V.: S. 47; Tierheimhelden: S. 48; Yves Domet: S. 61; Flexidog: S. 64, 65; Tatiana Gritsenko: S. 67, 68, 69; Leinentausch (Vanessa Lewerenz-Bourmer): S. 80; GHSV-Sylt: S. 86; Sylt Marketing GmbH (Maike Belbe): S. 97; Mipani: S. 99 (unten); Tourismus-Service Wenningstedt-
Braderup GmbH & Co. KG (Henning Sieverts): S. 106; Tobias Grundig: S. 139,; Shutterstock: S. 141; Hamburger Tierschutzverein: S. 145; Tourismus-Service Wenningstedt-Braderup GmbH & Co. KG (Henning Sieverts): S. 147; Dörte Hauschild: S. 159; Tasso: S. 162; Dörte Hauschild: S. 178; Sylt Marketing (Silke Belbe): S. 188, 189; Almut Otto: S. 210, 211; Snoopet (Larissa Maes): S. 213; G. Metz: S. 215 (Cornelia Poletto); Treusinn: S. 216; Flechtwerkstatt: S 217 (oben); Anke Metz: S. 217 (unten); tiierisch: S. 218 (oben links); Anke Metz: S. 218 (oben rechts); Edenfood: S. 219 (links); Tatiana Gritsenko: s. 219 (rechts); shutterstock: S. 220 (oben); Stil & Blüte: S. 221, 222; Anke Metz: S. 223; Quartier3neun: S. 226, 227; Andreas Schmidt: S. 229 (unten rechts); Sue Gläser: S. 235, 237; Delos Tierbestattung: S. 239, 240
(Rechte zu den Produktabb. liegen bei den jeweiligen Herstellern)

Finde uns auf Facebook unter www.facebook.com/fredundotto

Inhalt

Vorwort **8**
Schnelleinstieg in die Sylter Hundewelt **12**

Insel & Hund **19**
Ein fotografischer Streifzug

Züchter, Tierheim & Co. **31**

„Ist der Hund wirklich ein Familienmitglied?“ 32
Ein Blick hinter die Kulissen des Inseltierheims
„Hier bin ich Hund. Hier will ich bleiben!“ 36
Hunde aus dem Ausland – eine Alternative zum Hund aus dem Tierheim?
Kleiner Hund für großes Geld 40
Züchter oder Wühltisch: Wer garantiert einen sicheren Welpen-Kauf?
„Drum prüfe, wer sich ewig bindet...“ 44
Eine Checkliste mit zehn Punkten für „vor dem Hund“
Jagdgefährten fürs Leben! 46
Jagdhunde brauchen besondere Beschäftigung
Tierheimhelden! 48
Ein Start-Up vernetzt die Tierheime und hilft bei der Vermittlung

Futter & Philosophie **53**

„Gefundenes Fressen“ 54
Ein Besuch auf dem Fleischgroßmarkt
„Nur reine Ware...“ 58
Bei der Frage, was der Hund fressen soll, scheiden sich die Geister
„Seeluft macht hungrig“ 62
Frisches Fleisch für hungrige Hunde: Anke Metz liefert bis ins Hotelzimmer
Weniger Fleisch ist mehr 64
Ein Tiernahrungshersteller will unsere Hunde zu „nachhaltigen“ Konsumenten machen
„Hamburger Kugeln: Ein köstliches Stück Hansestadt auf Sylt“ 66
Ein Blick hinter die Kulissen der Hundetrüffel-Manufaktur „Hamburger Kugeln“

Sitz & Platz **73**

„Mein Hund pinkelt nicht, wenn's regnet...“ 74
Unterwegs mit der Sylter Rangerin Stefanie Hausen am Strand von Wenningstedt
Die Hundenanny von nebenan 78
Das Start-Up Leinentausch vermittelt persönliche Betreuung für Hunde
„Kommando Keks“ 82
Ein Trainingsabend beim GHSV

Gassi & Co. / Reise & Verkehr **91**

„Zu Gast mit Hund auf Sylt“ 92
Vier Routen für Vier- und Zweibeiner
„Hundedusche mit Fußbodenheizung“ 101
Ein Besuch auf dem Campingplatz in Rantum
„Kekse, Kaffee, flotte Sprüche“ 103
Bei Helga Winter am Hundestrand „Baakdeel“ gibt's den besten Kaffee der Insel
„Hundstage im November“ 106
Eine Gemeinde ist auf den Hund gekommen
„Ein Hund will mitdenken“ 108
Beschäftigungstipps für den täglichen Umgang mit dem Hund
„Mobil mit Hund auf Sylt“ 112
Zu Wasser, zu Land und durch die Luft
„Eine Verbindung auf Augenhöhe“ 116
Die besten Strategien für den Streitfall mit Hund
„Straßen-Zeitung lesen ist wichtig!“ 118
Stefanie Hausen, zertifizierte Hundetrainerin und Rangerin der Gemeinden Wenningstedt-Braderup und Kampen, zum Thema Gassi-Gehen bei Hunden.
„Wenn's mal stinkt und kleckert“ 122
Besuch in der kleinen Wäscherei in Tinnum
„Ich muss mal“ 124
Die Sylter Auslaufgebiete und Hundestrände in der Übersicht
„Vierbeiner auf vier Rädern“ 128
Safety First: Für wie viel Sicherheit sorgen Trenngitter, Hundeboxen und Gurte im Auto?

Gesetz & Ordnung / Politik & Soziales **135**

„Zwei zu Null für Sam und Anton“ 136
Mit zwei Besuchshunden in einer Seniorenanlage unterwegs
„Sie kann auch eine Amazone sein“ 141
Vom korrekten Umgang mit amtlichen Bescheiden
„Unsichtbare Helferin“ 144
Wie Blindenführhund Betty den Alltag von Rolf Schilling gestaltet
„Mona ist jetzt mein Hund und Hamburg nicht mehr meine Stadt.“ 148
Das Hamburger Hundegesetz und seine Auswirkungen
„Was die Sylter Politik von Hunden hält“ 150
Meinungscheck bei den Sylter Lokalpolitikern
„Futter ist nicht alles“ 153
Ein Nachmittag in der Hamburger Tiertafel

Versicherung & Schutz **161**

„Lohnt sich eine Krankenversicherung für meinen Hund?“ 162
„Wer nicht hören will, muss zahlen!“ 164
Was kostet die Tierrettung auf Sylt?
„Vermisst & Gefunden“ 166
Der Verein Tasso hilft seit über 30 Jahren, wenn Haustiere ausgebüchst sind

Gesundheit & Wellness 171

„Scheren – Baden – Föhnen – Fertig! 172
Ein Besuch bei Pam und Steffi im Hundestudio in Tinnum

„Auch Hunde haben Hexenschuss" 176
Tierphysiotherapeutin Ulrike Grasedieck hilft Hunden auf die Pfoten

„Der Doktor und das liebe Vieh" 181
Wenn der Spaziergang in der Katastrophe endet

„Kastration – ja oder nein?" 184
Die Sylter Tierärztin Ivonne von Kobilinski im Interview

„Würmer machen blind" 189
Warum eine regelmäßige Wurmkur beim Hunde enorm wichtig ist

Shopping & Lifestyle / Leben & Arbeiten 195

„Nine to five – Was für ein Hundeleben" 196
Wenn der Hund mit ins Büro muss

„Hunde sind auch nur Menschen" 203
Zu Besuch in der Zollhundeschule in Bleckede

„Sie müssen den Hund lesen können" 208
Ein Zollhund im Hamburger Hafen im Übungs-Einsatz

„Ein Hund ist doch keine Handtasche!" 211
Dogsharing: Zwei Menschen teilen sich einen Hund

Portrait Royal – Evolution im Kunsthandwerk 214
Freddy und Coshima Weigl definieren Tierportraits neu

Liebe geht über den Hund 216
Wie ein Start-Up Hund und Menschen zusammenbringt

„Ich kann mir ein Leben ohne Hunde kaum vorstellen" 218
Ein Interview mit Cornelia Poletto, der Hundebotschafterin 2013

„Shopping-Tipps für Hund & Halter" 220
Ohne das geht der Sylter Hund von Welt nicht aus dem Haus...

Stil & Blüten für Sylter Fellnasen 225
Birte Petersen weiß, was Vierbeiner auf der Insel brauchen

„Was macht der Hund auf dem Sofa?" 227
Anke Metz betreibt Deutschlands einzige Hundebetten-Vermietung für Urlauber

Den Catwalk zum Dogwalk machen 230
Der Designer Stefan Wolf bietet mit seinem Quartier3neun Lifestyle für Hund und Mensch

Was wünschen sich Nichthundehalter von Hundehaltern? 232

Gott & die Hundewelt / Trauer & Tod 237

„Ich will ja nicht die Tiere begöschern" 238
Zu Gast beim Gottesdienst für Hund und Halter

„Wer vergleicht, erlebt keine Überraschungen" 242
Die schleswig-holsteinische Tierbestatterin Margit Hermanns im Gespräch

„Danke für die schönen Jahre mit Dir!" 247
Der Tierfriedhof in Norderstedt

„Als wir die Asche wieder ausgraben wollten, war der Friedhof voller Menschen." 250
Vor Ort in Schleswig-Holsteins einzigem Haustierkrematorium

Infos & Adressen 257
Rabattmarken 265

VORWORT

Mit „FRED & OTTO unterwegs auf Sylt" halten Sie den ersten Inselführer für Hunde und ihre Besitzer in den Händen. Warum „Ein Inselführer für Hunde?" werden Sie sich jetzt fragen. Aber ja doch! In diesem Buch finden Sie alle möglichen und hin und wieder auch unmöglichen Informationen der Insel, die wir für Sie zusammengetragen haben. Themen, die Sylter und Gäste der Insel interessieren. Unser Inselführer für Hunde spannt dabei einen Bogen, der die vielfältigen Momente und Stationen des Lebens mit Hund berührt. Das fängt beim Welpen- oder Hundekauf an und geht bis zur Sterbebegleitung. Mit vielen bunten und informativen Kapiteln dazwischen wie Erziehung und Ernährung, Lifestyle und Hundepolitik.

Sylt ist eine wunderschöne Insel mit vielen ungeahnten Auslaufmöglichkeiten für Hunde. Trotzdem ist es natürlich nicht immer einfach, einem Hund auf Deutschlands größter Nordseeinsel genügend Freilauf zu bieten. Wer selbst einen hat, kann ein Lied davon singen. In manchen Situationen ist die Organisation des eigenen Lebens mit Hund eine echte Herausforderung. „FRED & OTTO unterwegs auf Sylt" richtet sich mit vielen Tipps, Adressen und Anregungen sowohl an einheimische als auch an urlaubende Hundebesitzer. Wir haben vielen Experten Fragen auf der Insel, in Schleswig-Holstein und ganz Norddeutschland gestellt und für Sie in diesem Buch zusammengeführt.

Die Sylter Hundewelt ist bunt

Die Hundewelt auf der Insel ist eine bunte Welt. Da gibt es die unterschiedlichsten Rassen und Geschichten, woher diese Hunde kommen, was sie beschäftigt und mit wem und wo sie täglich Gassi gehen. Und es gibt immer wieder die unglaublichsten Erzählungen, warum Insulaner und ihre Gäste Hunde besitzen. Das alles unter einen Hut zu bekommen, ist eine Herausforderung, der wir uns gern gestellt haben. In dem vorliegenden Buch finden Sie schöne Anregungen, Informationen und Einblicke für das Leben mit Hund.

Neben vielen Bildern von Sylter Inselhunden und bunten Geschichten war es unser Ziel, ein Buch für Sie zu schreiben, das auch einen hohen Nutzwert hat. So können Sie mit den Rabattcoupons unserer Partner viel Geld sparen. Und Sie werden staunen, wenn Sie erst mal einen Blick auf den beigelegten Inselplan geworfen haben, wie viele Möglichkeiten sich auf Sylt für einen entspannten Urlaub mit Hund ergeben.

Mit „FRED & OTTO unterwegs auf Sylt" ist ein Inselführer für Hunde entstanden, der Lust macht, ihn durchzublättern, ihn mit an den Strand und auch zu Hause jederzeit wieder in die Hände zu nehmen.

Die Idee zu diesem Inselführer ist uns gekommen, weil uns im Laufe der Jahre, die wir mit Albert auf den unterschiedlichsten Nordsee-Inseln unterwegs waren, immer wieder Menschen angesprochen haben, wie das Le-

Sylt mit Hund: immer eine Reise Wert

Albert ohne Mike Meinert und Holger Wetzel.

ben mit Hund „denn so ist". Wir haben Nichthundebesitzer gesprochen und mit anderen Gassigehern gefachsimpelt. Und uns immer wieder die Frage gestellt: Was können wir hier mit Albert, ergo: mit Hund machen? Und was nicht? Und irgendwann war sie da, die Idee, dieses Buch zu schreiben. Wir haben andere Hundebesitzer kennen gelernt, sind in Konflikte hineingelaufen, haben uns über so manches auf dieser Insel gewundert und wollten dabei immer nur eines: mit Albert entspannte Tage und Wochen auf Sylt verbringen. Wir haben dazu viel recherchiert und sind irgendwann auf den Trichter gekommen: Auf einer Insel leben viele Menschen gemeinsam auf relativ engem Raum. Es gibt also immer Diskussionen darüber, wie man diesen engen Raum nutzen soll und wer wo „Vorfahrt" hat.

Schlussendlich sind wir uns ganz sicher: Hundehalter auf Sylt oder zu Gast mit Hund auf Sylt zu sein, heißt auch, sich mit seiner Umwelt, seinen Mitmenschen und mit der Politik auseinanderzusetzen, die das Zusammenleben mit Hund regelt. Vor diesem Hintergrund möchte Sie dieses Buch also auch dazu anregen, ein bewusster und umsichtiger Hundebesitzer zu sein und Verantwortung zu übernehmen. Und auf jeden Fall auch unglaublich viel Spaß zu haben, die Natur zu genießen und Freude an und mit Ihrem Hund zu haben.

An dieser Stelle danken wir ganz herzlich allen Menschen, mit denen wir gesprochen haben, die wir interviewen und fotografieren durften und die uns Tipps und Hintergründe verraten haben. Das Buch, das dabei herausgekommen ist, ist ein buntes Kaleidoskop der Sylter Hundewelt, das wir selbst mit großer Hingabe geschrieben haben.

Alles Gute und viel Spaß beim Lesen und Ausprobieren!

Holger Wetzel Mike Meinert

Holger Wetzel und Mike Meinert & Albert

(PS: ... und wer sich fragt, wer Fred & Otto sind ... also das ist so: Otto ist ein schokobrauner Labrador und gehört unserem Verleger Alexander Schug. Der dachte aber, dass Otto noch einen besten Kumpel braucht, mit dem er durch die Gegend streifen kann – und so kam in Gedanken Fred dazu, ein kleiner Terrier, mit dem Otto nun die Welt erobert. FRED & OTTO hört sich natürlich viel besser an, denn Otto allein zu Haus ging ja nicht. Und Albert und Otto kannten sich zu dem Zeitpunkt noch nicht. Nun wissen Sie, weshalb FRED & OTTO FRED & OTTO heißt!)

Der Schnelleinstieg in die Sylter Hundewelt

Anzahl der Sylter Hunde (ohne Feriengäste)

ca. 1.750

jährliche Hundesteuer

Hörnum, Wenningstedt:

1. Hund 75,- Euro
2. Hund 100,- Euro

jeder weitere Hund: 150,- Euro
jeder gefährliche Hund: 648,- Euro

Gemeinde Sylt, List:

1. Hund 64,- Euro
2. Hund 128,- Euro

jeder weitere Hund: 192,- Euro
jeder gefährliche Hund: 648,- Euro

Kampen:

1. Hund 78,- Euro
2. Hund 138,- Euro

jeder weitere Hund: 198,- Euro
jeder gefährliche Hund: 780,- Euro

Leinenpflicht für Hunde

Die Leinenpflicht besteht in den Sylter Parks, Wald-, Grün- und Sportanlagen, im gesamten Ortsteil Westerland einschließlich der Promenade, im gesamten Bereich von List aufgrund der frei laufenden Schafe, bei öffentlichen Veranstaltungen und Märkten, auf den Friedhöfen, in öffentlichen Verkehrsmitteln sowie auf den Wegen durch die Naturschutzgebiete.

Darüber hinaus gilt die generelle Leinenpflicht auch in den Sylter Naturschutzgebieten. Damit soll vermieden werden, dass die Tierwelt durch freilaufende Hunde aufgeschreckt wird. Das gilt natürlich auch für die Deiche, wo Schafe und Lämmer grasen.

Und noch etwas: Dünenschutz ist Inselschutz. Wer dabei erwischt wird, wie er (egal ob mit oder ohne Hund) durch die Dünen läuft, dem drohen bis zu 500,- Euro Bußgeld.

Wo darf der Hund während der Saison (15.3.-31.10.) mit an den Strand?

List

- Strandabschnitt 17 (Textil-Strand) im südlichen Bereich
- Strandabschnitt 19 (FKK-Strand) im südlichen Bereich
- Lister Ellenbogen

Kampen

- Nord: Abschnitt A im FKK-Bereich (Strandübergang Buhne 16)
- Süd: Abschnitt N (Strandübergang Sturmhaube)

Wenningstedt

- Nord: Übergang Campingplatz
- Süd: Übergang Seestraße

Westerland

- Nord: Strandübergang Nordseeklinik
- Süd: Strandabschnitt Baakdeel
- Dikjen Deel

Rantum

- Nord 15 (Campingplatz)
- Süd 5 (Henning-Rinken-Wai)
- Süd 9 Tadjem Deel/FKK Strand
- Samoa/FKK-Strand
- Sansibar/FKK-Strand

Hörnum

- Textilstrand (Übergang Aralsteg)
- FKK Strand (Übergang Restaurant „Kap-Horn")

Während der Saison dürfen Hunde grundsätzlich nur an den oben ausgewiesenen Hundestränden mitgenommen werden. Außerdem müssen sie an der Leine geführt werden. Darüber hinaus dürfen Hunde an allen Insel-Stränden (also auch den Nicht-Hundestränden) in diesem Zeitraum auch am Flutsaum ausgeführt werden. Allerdings muss der Hund auch dann angeleint sein. Eine Ausnahme gilt in der Gemeinde Sylt mit den Ortsteilen Westerland, Tinnum, Keitum, Munkmarsch, Archsum, Morsum und Rantum: Hier dürfen Hunde generell nur an den Hundestränden ausgeführt werden und nicht mit an die Wasserkante genommen werden.

Wo darf der Hund außerhalb der Saison (1.11.-14.3.) mit an den Strand?

Im Zeitraum vom 1. November bis 14. März stehen Hundehaltern alle Sylter Strände zum Auslauf zur Verfügung. Eine Anleinpflicht gilt dann nur an stark frequentierten Bereichen. Ausnahme ist der Ortsteil Westerland: Hier dürfen Hunde ganzjährig nur am Hundestrand und angeleint ausgeführt werden.

No-Go-Areas

Laut Schleswig-Holsteinischem „Gesetz zur Vorbeugung und Abwehr der von Hunden ausgehenden Gefahren (Gefahrhundegesetz - GefHG)" vom 28. Januar 2005 ist es verboten, Hunde mitzunehmen in:

- Kirchen, Kindergärten, Schulen und Krankenhäuser
- Theater, Lichtspielhäuser, Konzert-, Vortrags- und Versammlungsräume
- Badeanstalten sowie auf Badeplätze, Kinderspielplätze und Liegewiesen. Ferner ist es verboten, dort Hunde laufen zu lassen.

Wo darf der Hund baden?

An jedem ausgewiesenen Hundestrand.

Haftpflicht und Chip

Feriengäste werden gebeten, für den Notfall den Impfpass, ein Gesundheitszeugnis und die Versicherungsnummer der Haftpflichtversicherung des Hundes parat zu haben. Außerdem muss in Schleswig-Holstein jeder Hund ein Halsband, eine Halskette oder eine vergleichbare „Anleinvorrichtung mit einer Kennzeichnung tragen, aufgrund derer die Hundehalterin oder der Hundehalter ermittelt werden kann."

Regelungen für „gefährliche Hunde"

Wer einen sogenannten „gefährlichen Hund" hält, muss hierfür eine Erlaubnis beantragen. Gleiches gilt für Personen, die einen Hund halten, bei dem vor Inkrafttreten dieses Gesetzes das Vorliegen der Voraussetzungen des § 3 Abs. 1 der Gefahrhundeverordnung vom 28. Juni 2000 (GVOBl. Schl.-H. S. 533, ber. S. 549), geändert durch Verordnung vom 9. Mai 2003 (GVOBl. Schl.-H. S. 241), festgestellt wurde.

1. Hunde, die eine über das natürliche Maß hinausgehende Kampfbereitschaft [...] oder eine in ihrer Wirkung vergleichbare, Mensch oder Tier gefährdende Eigenschaft [...] besitzen.
2. Hunde, die einen Menschen gebissen haben, sofern dies nicht zur Verteidigung anlässlich einer strafbaren Handlung geschah.
3. Hunde, die außerhalb des befriedeten Besitztums der Hundehalterin oder des Hundehalters wiederholt in gefahrdrohender Weise Menschen angesprungen haben [...].
4. Hunde, die ein anderes Tier durch Biss geschädigt haben, ohne selbst angegriffen worden zu sein, oder die einen anderen Hund trotz dessen erkennbarer artüblicher Unterwerfungsgestik gebissen haben.
5. Hunde, die durch ihr Verhalten gezeigt haben, dass sie unkontrolliert Wild, Vieh [...] hetzen oder reißen.

Zur Prüfung, ob es sich um einen gefährlichen Hund handelt, kann die zuständige Behörde eine Begutachtung des Hundes bei einer Tierärztin oder einem Tierarzt, die oder der in der Verhaltenskunde von Hunden erfahren ist, auf Kosten der Hundehalterin oder des Hundehalters anordnen.

Wer außerhalb Schleswig-Holsteins wohnt, also z. B. auf Sylt zu Gast ist und sich nicht länger als zwei Monate am Stück in Schleswig-Holstein aufhält, benötigt keine amtliche Erlaubnis, seinen gefährlichen Hund an der Leine auszuführen. Ganz wichtig: In Schleswig-Holstein benötigen gefährliche Hunde ein blaues Halsband, damit man sie schon von weitem erkennt.

Hundehaufen

An fast allen öffentlichen Mülleimern auf der gesamten Insel (am Strand, in der Heide, am Deich, an den Fahrradwegen, in den Ortschaften) sind kostenlose Kotbeutel-Spender angebracht. Teuer wird es für denjenigen, der den Hundehaufen liegen lässt und erwischt wird.

Anzahl Auslaufgebiete

- 17 Strände an der Westküste
- drei Freilaufflächen im Insel-Inneren

Hunde im öffentlichen Nahverkehr

Die Hunde fahren in den Bussen der Sylter Verkehrsgesellschaft (SVG) kostenfrei. Allerdings dürfen Hunde nicht alleine im Bus mitfahren: Hunde „werden unter Aufsicht einer geeigneten Person befördert." Lediglich Hunde, die Mitreisende gefährden können, müssen einen Maulkorb tragen. Blindenführhunde, die einen Blinden begleiten, sind immer zur Beförderung zugelassen.

Insel & Hund

Endlich Ferien – ab nach Sylt! Die meisten Leser unseres Inselführers werden diese wunderbare, vielfältige, spannende und manchmal auch ein wenig verschroben daherkommende größte deutsche Nordseeinsel in den Ferien kennen lernen und besuchen. Die einen haben vielleicht eine Zweitwohnung oder ein Haus hier oben. Die anderen machen es sich und ihrem Hund in den schönsten Wochen des Jahres im Hotel, in einer Pension oder bei Maik in Rantum auf dem Campingplatz mit Hundedusche gemütlich. Denn Sylt ist eine Hundeinsel. In fast jedem Restaurant, in jeder Bar, in den meisten Cafés sind Hunde willkommene Gäste. Wenn sie und ihre Halter sich an Regeln halten. Oder, wie es Helga Winter vom Hundestrand-Kiosk „Baakdeel" in Rantum ausgedrückt hat: „Hunde sind bei mir immer willkommen. Nur Köter, die will ich hier nicht haben." Kein Tag vergeht, an denen wir nicht großen, kleinen, frechen, guterzogenen, alten und jungen Hunden begegnen. Ob Hörnum oder List, Odde oder Ellenbogen: Hunde und Sylt gehören zusammen wie Ebbe und Flut. Ungefähr 1750 Hunde leben dauerhaft auf Sylt und vielleicht ist da auch noch der eine oder andere steuerlich nicht gemeldete, quasi „illegale" Hund, der hier seinen Alltag verbringt. Aber mal ehrlich: Was ist schon „illegal"? Kein Hund ist illegal, denn Hunde gibt es auch auf Sylt schon seit ewigen Zeiten. Als fester Bestandteil dieser Insel und Teil unserer Kultur. Zum Einstieg ein fotografischer Streifzug über die Insel Sylt.

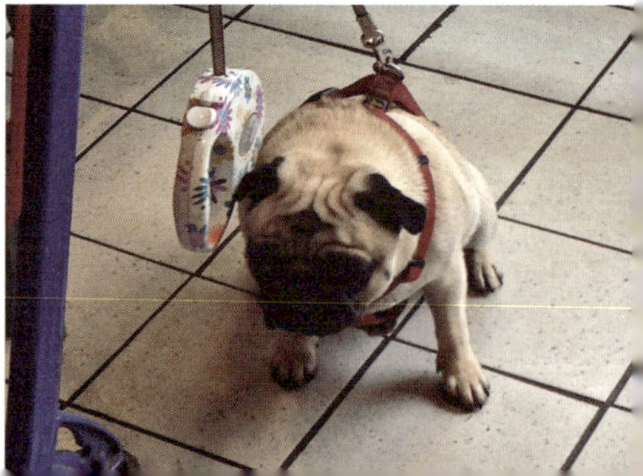

Stefanie Hausen mit JAMIRO & MAX

„Ich habe das Glück, dass ich beruflich den ganzen Tag hier auf der Insel mit meinen Hunden an der frischen Luft und am Strand unterwegs sein kann. Wie gut, dass es auf Sylt kein schlechtes Wetter, sondern nur falsche Kleidung gibt.“

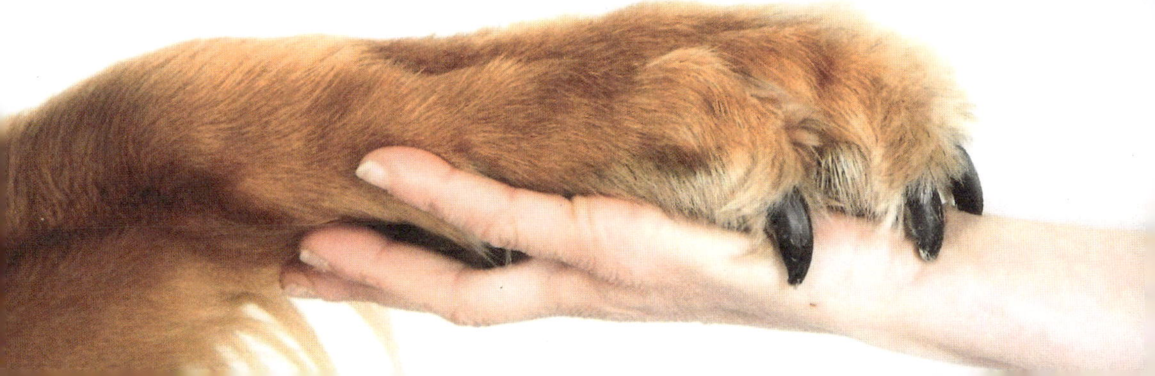

DOGGLES

Christiane Stengel mit LEONIE & ROCKY

„Als gebürtige Morsumerin gibt es für mich nichts Schöneres, als mit meinen beiden Rackern die Ostseite der Insel zu erkunden. Morsum Kliff, die Badestelle hier am Katrevel, den Wind in den Feldern genießen. Das ist jedes Mal aufs Neue wieder ein tolles Erlebnis.“

Ulrike Grasedieck mit JAMES

„James und ich lieben das Leben auf Sylt, weil wir Strand, Heide, Wiesen, Wälder und Dünenwege für unsere Spaziergänge haben. Und natürlich ist es klasse, gemeinsam in die Sylter Wellen zu springen.“

Katja Kleefeld mit EDDI & LUNA

„Ich bin mit meinen Beiden am Liebsten am Baakdeel unterwegs. Da gibt's diese nette und super hundefreundliche Dame, die Hundekekse verteilt und auch drauf aufpasst, dass alle ihre Hundetüten nicht vergessen. Ganz große Klasse."

Maike Belbe & Tim Blass mit OTTO

„Sylt mit Otto ist große Klasse. Er hat hier unglaublich viele Möglichkeiten, sich am Strand und im Wasser auszupowern. Wir gehen hier auf der Insel jeden Tag neue Wege mit ihm und er entdeckt dabei viel und lernt andere Hunde zum Spielen kennen."

Ivonne von Kobilinski mit FINJA:

„Die Insel ist rau und schön zugleich. Sie ist meine Heimat und in gewisser Weise ein Teil von mir. Mit meinem Hund Finja kann ich am Meer immer wieder tief durchatmen, meiner Seele Freiraum geben und wieder zu mir finden. Rüm Hart, Klaar Kiming!“

Henning Sieverts mit TYSON

„Das Leben mit Hund auf Sylt ist traumhaft! Weil wir hier nicht sehr städtisch geprägt sind, gibt es tolle Strecken, wo ich mit Tyson laufen und spazieren gehen kann. Am Watt, auf der Seeseite, im Wald: Da haben wir viele Möglichkeiten. Von November bis März gehe ich sogar regelmäßig zu Fuß mit Tyson am Strand entlang bis ins Büro. Wer hat schon so einen schönen Weg zur Arbeit."

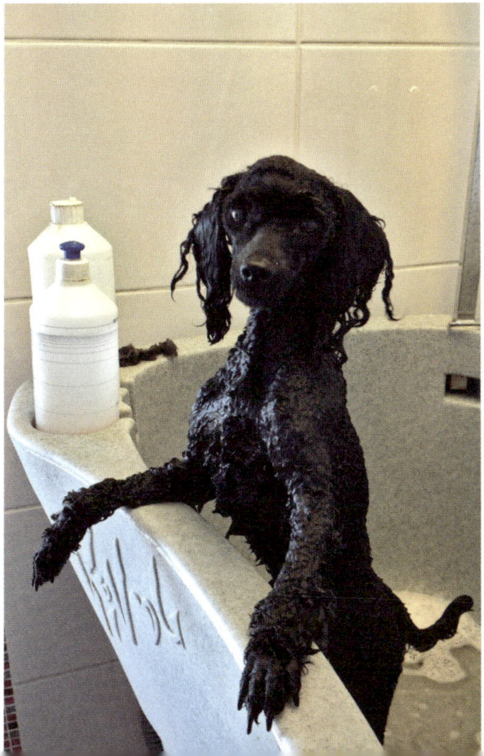

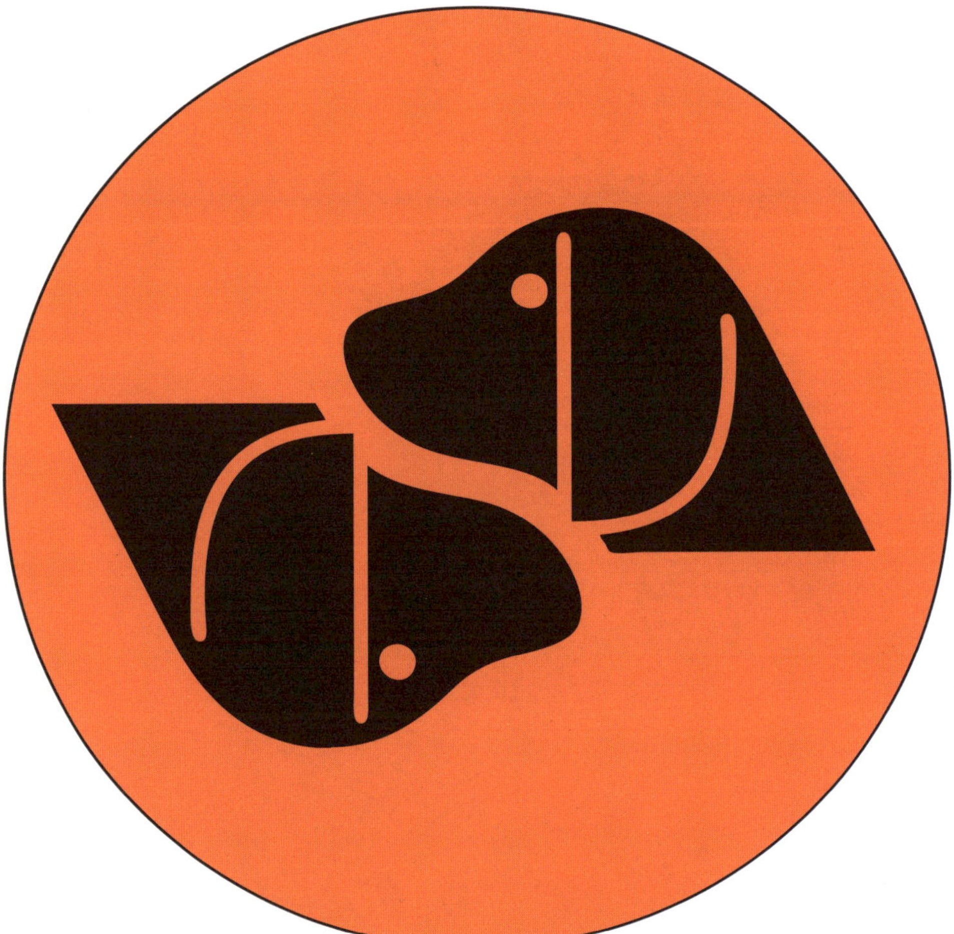

Züchter, Tierheim & Co.

Woher kommen Hunde eigentlich? Wir haben uns umgesehen und mit Leuten gesprochen, bei denen man Welpen und erwachsene Hunde kaufen kann: Mit Züchtern, dem Insel-Tierheim und einem Hamburger Ehepaar, das seine Hunde aus südeuropäischen Tierheimen und Tötungsstationen gerettet hat. Eine Information haben wir bei unseren Gesprächen immer wieder gehört: Finger weg von Billigwelpen aus Osteuropa. Sie sind meistens sterbenskrank und wurden auch noch unter erbärmlichsten Bedingungen in die Welt gesetzt. Aber den perfekten Hund zu finden und zu bekommen, ist nicht nur eine Frage der richtigen und vertrauensvollen „Quellen". Ebenso wichtig ist zunächst einmal die Frage: Ist ein Hund überhaupt das passende Haustier für mich? Und wenn ja: Welcher Hund passt am besten zu mir, zu meiner Familie und zu meinen Freunden?

„Ist der Hund wirklich ein Familien-mitglied?“

Ein Blick hinter die Kulissen des Inseltierheims

Im Sylter Tierheim werden jeden Tag ca. 100 Tiere versorgt

Wenn man auf der Straße von Westerland nach Keitum fährt, übersieht man das kleine rote Häuschen fast. Kurz hinter der Abzweigung in Richtung Flughafen versteckt es sich linker Hand in einem Waldstück – das Sylter Tierheim. Genauer gesagt: Der Tierschutzverein Sylt. Seit 1962 existiert er auf der Insel. Bei unserem Besuch ist an diesem Dienstagnachmittag viel los in den gemütlichen Räumen. Eine ehrenamtliche Mitarbeiterin nimmt Anfragen am Telefon entgegen, eine andere Kollegin steckt kurz ihren Kopf mit einer Frage an die Chefin durch eine der hinteren Türen. In einer knappen halben Stunde wird eine Familie, die ihren Besuch vor einigen Tagen angekündigt hat, im Tierheim vorbeikommen, um sich einen Hund für die beiden Töchter anzuschauen. Auf den Sofas: Drei gemütlich zusammengerollte, scheinbar schlafende Hunde. Obwohl sie vor sich hin träumen, verfolgen sie das bunte Treiben um sich herum. Hin und wieder zuckt einer mit seiner Nase; ein Auge blinzelt verschlafen in die Runde. Die Frau, die sich im Gespräch mit FRED & OTTO kurz unterbricht, um die Fragen der Mitarbeiter zu beantworten, heißt Josefine Leuwen. Sie ist nicht nur die zweite Vorsitzende des 329 Mitglieder starken Sylter Tierschutzvereins, sondern auch die Leiterin, das Gesicht und das Rückgrat des Tierheims. Denn sie kennt die Insel wie keine Zweite. Und sie nimmt kein Blatt vor den Mund. Eines ist nämlich sehr schnell klar: Nur weil Sylt eine elegante und ausgesprochen schöne Insel ist, die vermehrt von durchaus wohlhabenden Touristen besucht wird, heißt das nicht, dass das Inseltierheim nicht auch mit den gleichen Problemen zu kämpfen hat, wie ein Tierheim auf dem Festland. Natürlich ist die Kasse – wie in so vielen Tierheimen und ehrenamtlichen Einrichtungen ganz grundsätzlich – immer klamm. Natürlich wird aus der Politik nur der absolut notwendige, teilweise schon eher symbolisch zu nennende, finanzielle Beitrag geleistet. Natürlich ist das Sylter Tierheim in sehr hohem Maße auf Geld- und Sachspenden von Syltern und Feriengästen angewie-

Josefine Leuwen berichtet aus dem Tierheimalltag. Rosie hört zu.

sen, die dem kleinen Verein etwas Gutes tun wollen. Jeden Tag werden hier ca. 100 Tiere versorgt.

Das kostet Geld: monatlich fallen bei den Sylter Tierschützern rund 6.000 Euro für Tierarzt-, Futter-, Energie- und Personalkosten an. Bei einem Blick über die Anlage wird schnell klar: Im Gegensatz zum Hamburger Tierheim Süderstraße mit seinem Mehrmillionen-Etat und der Frage, ob man die Heizung im Quartier der frisch angelieferten Hängebauchschweine nicht doch besser etwas höher stellen soll, drückt der Schuh auf Sylt an ganz anderer Stelle. „Dieses Jahr kommen wir noch einigermaßen trocken und sicher durch den Winter“, sagt Josefine Leuwen und richtet ihren Blick an die Zimmerdecke. „Aber im kommenden Frühjahr muss das Dach ganz dringend gemacht werden. Das biegt sich schon durch und ist halt alt.“ Mit unglaublich viel persönlichem Engagement, den ehrenamtlichen Helfern und den Zuwendungen großzügiger Insulaner hat die Belegschaft über die Jahre dafür gesorgt, dass das an der Keitumer Landstraße gelegene Gebäude immer in Schuss gehalten wurde. Denn zusätzlich zu den Tieren, die täglich im Sylter Tierheim versorgt werden, kommen noch die Tierschutzeinsätze dazu.

Also jährlich ungefähr 500 Haus- und Wildtiere aufnehmen und pflegen. Und natürlich muss das große Gelände gepflegt werden. Zäune Instandsetzen, Rasenmähen, den Flohmarkt auf- und abbauen. Es gibt immer etwas zu tun. Ganz aktuell wurde der Eingangsbereich, in dem sich FRED & OTTO mit Josefine Leuwen zum Gespräch verabredet haben, renoviert und in freundlichen Farben gestrichen. „Wir wollen nicht klagen und stöhnen", sagt Josefine Leuwen, „anderen geht es noch schlechter als uns. Aber das Geschäft ist schon hart." Neben der immerwährenden finanziellen Unsicherheit des Vereins macht der 2ten Vorsitzenden das Verhalten mancher Feriengäste zu schaffen. „Es gibt so viele rücksichtslose Hundebesitzer, die hirnlos über die Insel laufen! Sie werden es nicht glauben, aber wir bekommen hier Anfragen von Gästen, die doch tatsächlich bereits eine Woche vor der Anreise feststellen, dass sie ihren Hund nicht mit ins Hotel nehmen dürfen. Ob wir da vielleicht aushelfen und den Hund hier in unserer kleine Pension unterbringen könnten?" Die Möglichkeit besteht zwar, aber was Josefine Leuwen damit ausdrücken will ist ja etwas ganz anderes: „Der Hund als solches wird immer mehr zum Statussymbol. Jedenfalls bei vielen Gästen, die hier auf die Insel kommen. Mein Haus, mein Boot, mein Hund! Ich finde das unmöglich." Und dann sind da noch die vermeintlich Unwissenden, die einen Hund im Internet kaufen und nach sechs Wochen merken, dass es für das Tier eigentlich doch keinen Platz in der Familie gibt. Ein hundefreundlicher Urlaub besteht für das Tier eben nicht darin, mit dem Hund dreimal am Tag für – wenn überhaupt – eine Stunde Gassi zu gehen und sich ansonsten hundelos auf der Insel zu bewegen. „Wir bekommen teilweise Anrufe von Leuten, die uns erzählen, dass sie bereits in acht, neun, zehn Tierheimen mit ihrem Ansinnen, den Hund dort abzugeben, abgelehnt wurden. Und dann heißt es ‚Wenn Ihr den Hund nicht nehmt, dann lassen wir ihn einschläfern'". Ein Hund als Modeobjekt, als Sache, als Lifestyle-Gadget. Zum Glück erzählt uns Frau Leuwen aber auch schöne Geschichten. Vom stark übergewichtigen Dackel, der seine 21 Kilo durch kontinuierliches Lauftraining und eine ausgeklügelte Beschäftigungstherapie innerhalb relativ kurzer Zeit auf die Hälfte reduzieren konnte. „Wir sind hier zwar keine Hundeschule, aber wir arbeiten mit Hundetrainern zusammen und können quasi wie eine Hundeschule agieren."

Dass die Zeiten zwar immer noch hart sind, aber in den Anfangsjahren noch wesentlich turbulenter waren, zeigt ein Blick zurück in die Geschichte des Tierheims. Im Jahr 1979 musste eine Neugründung des 1961 gegründeten Vereins durch das Einsetzen eines Notvorstandes herbeigeführt werden. Tierherbergen wurden zum damaligen Zeitpunkt durch Privatpersonen zur Verfügung gestellt: der Reitstall Jepsen in Kampen nahm Katzen in Obhut. Familie Rück baute auf ihrem Bauernhof in Tinnum in ihre Scheune Gitter auf, um herrenlose Hunde unterzubringen. Da jedoch mehr Tiere die

Hilfe der Menschen benötigten als man sich vorstellen konnte, suchte der Tierschutzverein Anfang der 80er Jahre ein geeignetes Gelände, um dort eine Tierunterkunft zu erbauen. Knappe Finanzen der öffentlichen Hand und ein Flächennutzungsplan, der sich mit einem Tierheim auf Sylt so gar nicht anfreunden konnte, standen einer zügigen Verwirklichung des ambitionierten Projektes zunächst entgegen.

Über die gesamte Insel verteilt: Aufrufe, das Tierheim mit Futterspenden zu unterstützen.

Schließlich wurde ein als provisorische Westerländer Bankfiliale dienendes Holzblockhaus nach dem Neubau des Geldinstitutes 1985 das neue Heim des Tierschutzvereines. Ein großer Schritt für den Tierschutz auf der Insel. Im ersten Winter im neuen Gebäude wurden bereits gut 70 Katzen aufgenommen. Keine leichte Aufgabe für den jungen Verein. Der Deutsche Tierschutzbund hat das Gelände 1988 gekauft und für den symbolischen Preis von einer Mark an den Tierschutzverein Sylt verpachtet. Das Ziel dahinter war klar: die aktive Tierschutzarbeit sollte ausgebaut und zusätzlich noch eine Seevogel-Rettungs- und Forschungsstation aufgebaut werden. 2006 wurde dann das neue Tierhaus mit Platz für maximal 36 Katzen und 18 Hunde gebaut. Mit den zwei zusätzlichen Kleintierräumen und einer Quarantänestation stehen so insgesamt 300 Quadratmeter für Tiere in Not zur Verfügung. So werden zum Beispiel im Laufe des Jahres immer wieder Schafe auf den Deichen gefunden, die von Hunden verletzt oder zu Tode gehetzt wurden, weil die Halter ihre Hunde nicht angeleint haben. „Die Bedürfnisse der Insel an unser Tierheim sind ständig gewachsen. Auch die Bedürfnisse der Hundehalter an uns wachsen ständig. Manchmal glaube ich, wir sind hier eher eine Hundepension für etwas lebensfremde Urlauber. Dabei ist es doch hier oben so einfach, einen hundegerechten Urlaub zu erleben“, schüttelt Josefine Leuwen den Kopf. Mittlerweile ist die Familie eingetroffen, die sich vorhin telefonisch angekündigt hat. Die Leiterin des Tierheims drängt das FRED & OTTO Team zum Aufbruch. Neue Aufgaben warten auf sie. Und wer weiß: vielleicht vermittelt Josefine Leuwen ja erfolgreich und vor allem auf Dauer einen der Hunde aus dem Sylter Tierheim an die Familie mit den zwei kleinen Mädchen. Wünschen würden wir das allen dreien: Dem Tierheim, den Mädchen und vor allem: den Hunden.

Tierschutzverein Sylt e. V.

Keitumer Landstraße 106
25980 Sylt / OT Keitum
Tel.: 04651-33533
Mail: tierschutzverein-keitum@t-online.de
Web: www.tierheim-sylt.de
Spendenkonto
Nord-Ostsee-Sparkasse
Konto: 3000 6811
BLZ 217 500 00

„Hier bin ich Hund. Hier will ich bleiben!“

Hunde aus dem Ausland – eine Alternative zum Hund aus dem Tierheim?

Gretchen hat sich mittlerweile gut in Hamburg eingelebt.

Gretchen liegt auf dem Boden und grunzt! Nach einem anstrengen Nachmittag mit Fliegenjagd und Käfersuche im Garten von Susanne Neugebauer und Wolf-Dieter Greuel hat sie sich diese Auszeit redlich verdient. „Da liegt sie, als könne sie kein Wässerchen trüben“, schmunzeln die beiden Eheleute aus dem Hamburger Westen. Alles wie im Bilderbuch. Schönes Haus, großer Garten mit Teich, ein glücklicher Hund. Dabei waren sich die Texterin und der Inhaber einer Werbeagentur eigentlich einig, dass ihr Patenhund Paul, den sie über lange Zeit hinweg mit monatlichen Schecks in einem hessischen Tierheim unterstützt hatten, im Grunde genommen genug Hund für Hamburg sei. „Ein Hund im vierten Stock einer Dreizimmerwohnung, mitten in der Großstadt – das kann ja auf Dauer nichts für einen Hund sein“. Ein Hundeleben sozusagen. Wie gut, dass Paul da lediglich eine Art „virtueller“ Patenhund war; weit weg, irgendwo in einem Hessischen Tierheim.

Erst mal gab es einen Patenhund in Hessen

„Irgendwann“, erinnert sich Susanne Neugebauer, während sie Gretchen streichelt, „ irgendwann sind wir aus dem Süden zurückgekommen und haben auf der Rückfahrt einen spontanen Abstecher in Hessen bei Paul im Tierheim gemacht.“ Mit dem Wunsch, nach einem eigenen „realen“ Hund (irgendwie) und dem Ballast der eigenen Wohnsituation im Gepäck (ganz konkret) haben sich die beiden ein Herz gefasst, im Tierheim angerufen und ihren Besuchswunsch kundgetan. „Die haben ganz schön komisch geguckt, als wir dort angekommen sind und ‚unseren' Paul besuchen wollten“, weiß Susanne Neugebauer noch heute. Paul war übrigens nicht weniger irritiert, dass sich plötzlich zwei Menschen vor seinem Zwinger im Tier-

Susanne Neugebauer und Wolf-Dieter Greuel würden sich jederzeit wieder für einen Hund aus dem Ausland entscheiden.

heim wiederfanden, die auch noch mit ihm Gassigehen wollten. „Die Mitarbeiterin im Tierheim hat uns gewarnt, er würde nicht mit jedem mitgehen wollen", berichtet Wolf-Dieter Greuel. „Ich glaube heute, die wollten uns vor einer großen Enttäuschung bewahren." Nun war es an den beiden weitgereisten Hamburgern, irritiert zu schauen. Denn Paul hat sich nicht zweimal bitten lassen und ist ohne weiter darüber nachzudenken sofort mit den beiden Nordlichtern in Richtung der nächsten

Wiese losgezottelt. Susanne Neugebauer hält inne und lässt die immerhin schon fast sechs Jahre alte Erinnerung noch einmal vor ihrem innen Auge vorbeiziehen.

Paul ist an diesem Nachmittag, während des dreistündigen Spaziergangs, nicht einen Zentimeter von der Seite der baldigen Neuhundebesitzer gewichen. „Wir haben gedacht, er spurtet sofort los und genießt seine Freiheit. Aber nein: Paul hat uns angeschaut, als wolle er sagen ‚alles gut – entspannt Euch mal' und hat sich dann zu unseren Füßen in den Schatten gelegt." Das sollte wohl so sein, oder wie es Wolf-Dieter Greuel kurz und bündig umreißt: „Wir waren halt zur richtigen Zeit am richtigen Ort!"

Die Größe des Hundes bestimmte die Größe des Hauses

Jetzt war da nur noch dieses kleine Problem mit der Wohnung in Hamburg. Drei Zimmer, vierter Stock... Die beiden haben die Ärmel hochgekrempelt, ein Haus gesucht und gefunden, die Wohnung verkauft, und dann, nach gerade einmal knappen drei Monaten Vorbereitung des „Projektes Hund" konnte Paul mit seinen Adoptiveltern in sein neues Zuhause einziehen. Eigentlich! Denn Paul hatte zunächst überhaupt keine Lust, geschlossene Räume zu betreten. „Das Hessische Tierheim hat ihn aus Ungarn geholt und wir vermuteten damals, dass er auf Grund von schlimmen Erlebnissen nicht in der Lage gewesen ist, geschlossene Räume zu betreten", erinnert sich das Ehepaar im Gespräch auf seiner Terrasse. Da galt es, den nach Aussage der beiden „ziemlich dickköpfigen und eigensinnigen" Hund irgendwie zu überzeugen, das Haus zu betreten. „Es war ja Spätsommer, da hatten wir keine Probleme damit, den Hund erst mal draußen zu lassen und nachts mit offener Terrassentür zu schlafen", sagt Susanne Neugebauer. Die offene Tür deshalb, weil die beiden kurzerhand Ihr Schlafzimmer gegen ein Matratzenlager im Wohnzimmer getauscht hatten: Paul sollte die beiden jederzeit sehen und riechen können und so die Angst vor dem ersten Schritt über die Schwelle der Terrassentür überwinden. Aber alle Mühe war umsonst: sogar gut riechende und wohlschmeckende Köstlichkeiten vom Fleischer des Vertrauens konnten den zotteligen, großen Hund nicht dazu ermuntern, das Haus zu betreten. Gegessen hat Paul unter freiem Himmel. Eines Tages geschah, was geschehen musste. Hamburg, eine Stadt, die bekannt war für ihr eigenwilliges Wetter: Regen! Als plötzlich dicke Tropfen vom Himmel pladderten, erinnert sich Susanne Neugebauer, war Paul auf einmal gar nicht mehr ängstlich und ist erst mit einer und dann ganz schnell mit allen vier Pfoten über die Schwelle ins trockene Haus getapst.

Ein Leben ohne Hund ist möglich, aber sinnlos

Gut fünf Jahre hat der Herdenschutzhund-Mischling, der den deutschen Behörden zuliebe kurzerhand zu einer lammfrommen Leonberger Mischung umdeklariert wurde, bei Neugebauer-Greuels in Hamburg gelebt, bevor er im Alter von zehn Jahren im Frühjahr 2012 verstorben ist. „Uns war klar, dass wir irgendwann wieder einen Hund wollen und dass das nur ein Hund aus dem Tierheim sein kann“, sagt Wolf-Dieter Greuel: „Sie wissen ja: Ein Leben ohne Hund ist möglich, aber sinnlos.“ Über einen Kontakt in besagtem hessischen Tierheim sind sie auf Europas größtes Hunde-Heim in Rumänien aufmerksam geworden, haben ausgiebig im Internet recherchiert und stießen auf Gretchen. „Gretchen wurde bei strömendem Regen unter einer Brücke als Mutter mit neun Welpen gefunden. Aber dank der deutschen Tierärzte vor Ort in Rumänien und der gut organisierten wöchentlichen Transporte mit Hunden bis nach Norddeutschland war es überhaupt kein Problem, Gretchen geimpft, gechipped und mit allen nötigen Papieren ausgestattet am 13. April 2012 in Empfang zu nehmen.“ Nachts um drei Uhr klingelte es an der Haustür und da saß sie dann. Ein kleines verschüchtertes Fellbündel, das als Erstes sofort sein Revier im Neugebauerschen Hausflur markiert hat. Willkommen zu Hause sozusagen.

Auf die Frage an die beiden engagierten Hundebesitzer, warum es denn kein Hund aus einem der Hamburger Tierheime oder von einem Züchter sein sollte, sondern unbedingt wieder ein Hund von weit her, sind sich beide ohne zu zögern einig mit einer Antwort: „Es gibt so viele arme Hascherlies, die Hilfe brauchen! Da können wir nicht anders, als zu helfen.“ Wie auf Kommando räkelt sich Gretchen auf den frühsommerlich warmen Steinen und grunzt zufrieden vor sich hin: „Hier will ich bleiben“.

Buchtipp: „Natürlich Sylt“

Auch wenn Sie hier einen ausgesprochenen Inselführer für Hunde und Halter in den Händen halten, möchten wir Ihnen den unglaublich stimmungsvoll bebilderten und sehr ansprechend und informativ geschriebenen Natur-Erlebnisführer von Lothar Koch ans Herz legen. Ein 250 Seiten dickes Buch, dass Sylt Besucher auf die Seiten der Insel aufmerksam macht, die sich bei einem kurzen Sylt-Besuch nicht unbedingt sofort erschließen. „Natürlich Sylt“ ist ein Buch, das Menschen (auch mit Hund) anspricht, die ein Faible für frischen Wind, ein lebendiges Meer, gesunde Luft und eine schöne Landschaft haben. Viele der Tipps des gebürtigen Juisters Lothar Koch sind wunderbarerweise auch mit Hund möglich.

Kleine Kostprobe gefällig? Gerne:

- Einen Schweinswal vom Strand aus sichten.
- Im Sturm um die Hörnum Odde laufen.
- Nach der Strandsauna (ohne Hund) ein Brandungsbad in der Nordsee nehmen (mit Hund).
- Beim Spaziergang am Morsum Kliff zehn Millionen Jahre Erdgeschichte erwandern.
- An Deutschlands nördlichstem Zipfel, dem Lister Ellenbogen, nach Bernstein suchen.
- Auf dem Kliffweg von Kampen nach Wenningstedt majestätische Ausblicke genießen.

„Natürlich Sylt“, 250 Seiten, Feldhaus Verlag, Hamburg, ISBN 978-3-88264-531-6

Kleiner Hund für großes Geld

Züchter oder Wühltisch: Wer garantiert einen sicheren Welpen-Kauf?

Hunde können manchmal sehr teuer sein. Ein Rassehund kann bis zu 2000 Euro kosten. Lohnt es sich wirklich, so viel Geld für den besten Freund des Menschen auszugeben oder „reicht es", wenn der Hund lediglich vom „Wühltisch" oder von einem ominösen Züchter aus Osteuropa kommt? Patricia Schnoor und Jennifer Wolff vom 1996 gegründeten „Parson Jack Russel Terrier Club of Germany e. V." (PJRTCG e. V.) haben Antworten auf diese Fragen.

Weshalb sollte man Hunde vom Züchter kaufen, auch wenn sie um einiges teurer sind, als Welpen ohne Papiere eines seriösen Zuchtverbandes? Zahlt sich das aus?

„Mit dieser Frage schlägt sich jeder zukünftige Welpen Käufer einmal herum. Die Preisunterschiede sind ja zum Teil immens. Doch auch bei Hunden gilt: Qualität hat ihren Preis und auch wenn es uns Züchtern manchmal ‚vorgeworfen' wird: Wir verdienen uns an der Zucht wahrlich keine ‚goldene Nase'. Dies hat viele Gründe: Unsere Hunde, die zur Zucht zugelassen sind, wurden nicht nur auf ihre äußerliche Erscheinung (jeweiliger Rassestandard), ihr Wesen und auf zahlreiche Erberkrankungen hin getestet. Sie werden ebenso regelmäßig gesundheitlich durchgecheckt, bekommen hochwertige Nahrung und werden artgerecht beschäftigt und ausgelastet um Verhaltensstörungen vorzubeugen. Dazu kommen auch noch Showbesuche mit zum Teil sehr weiten Anfahrten. Dies alles, kostet nicht nur Geld, sondern auch Zeit.

Auch die Welpen werden mehrmals am Tag gesäubert und gefüttert, wollen altersgemäß beschäftigt werden, denn schließlich soll der Welpen Käufer an einem (erb-)gesunden, geimpften, gechipten und bestmöglich geprägten Welpen viel Freude haben. Würde man eine Art Stundenlohn für den Züchter berechnen, wäre ein Welpe kaum noch bezahlbar. Zentral sind jedoch die Gesundheitsuntersuchungen und die sorgfältige Dokumentation von Erberkrankungen, die auch bei gut durchdachten Verpaarungen leider evtl. auftreten können. Nehmen wir als Beispiel einmal die ‚Patellaluxation', die gerne bei kleinen Rassen auftritt. Achtet man einmal gezielt darauf, wie viele kleine Hunde phasenweise auf drei Beinen hüpfen, ist man wirklich entsetzt: Dies ist jedoch eine Erkrankung, die sich durch Untersuchungen der Elterntiere vor der Zucht so gut als möglich vermeiden lässt. In unserem Verein werden nur Elterntiere mit Patella Grad

Terrier sehen auch im Alter niedlich aus.

0 zur Zucht zugelassen. Das bedeutet, dass bei beiden Anpaarungspartnern die Kniescheibe nicht beweglich, luxierbar, ist. Für einen gesunden Bewegungsapparat ist dies unerlässlich, denn Parson Jack Russell Terrier sind Sportskanonen und brauchen dafür einen belastbaren Körperbau. Eine Operation würde in diesem Fall zwischen 500 und 1000 Euro kosten, ganz abgesehen von den monatelangen Reha-Maßnahmen.

Dies ist nur ein Beispiel von erblich bedingten Erkrankungen. Ein gravierenderes ist die Partielle Linsenluxation – bei dieser erblindet der Hund. Nachdem diese Erkrankung aber durch einen Gentest ausgeschlossen werden kann, ist er für unsere Züchter Pflicht. Die Kosten für diesen und weitere Tests müssen wir in irgendeiner Form auf unseren Welpenpreis umlegen. Ein höherer Welpenpreis zahlt sich aber in den allermeisten Fällen durch gesunde Tiere aus."

Woran erkennt man einen guten Züchter?

„Die Frage ist schwierig. Das gebe ich zu. Es gibt gewisse Grundregeln, die man beim Züchter beachten sollte: Sind die dort lebenden Tiere scheu oder freundlich? Können Sie das Muttertier sehen und sich von der Gesundheit der Hunde überzeugen? Wenn der Vater im selben Haushalt lebt, dürfen Sie ihn dann auch sehen? Wachsen die Welpen mitten im Haushalt auf oder werden sie draußen isoliert in Zwingern gehalten? Diesen Punkt vergisst man oft, aber es ist für Welpen von enormer Bedeutung für ihre Entwicklung und ihr späteres Leben, unter welchen Reizen sie aufgewachsen sind. Welpen, bei denen viel los ist in der Prägungsphase, bei denen aber gleichzeitig darauf geachtet wird, dass sie ihre regelmäßigen Ruhephasen bekommen, sind im späteren Leben belastbarer, weniger gestresst und somit leichter zu erziehen.

Wenn Gesundheitsuntersuchungen bei den Elterntieren gemacht werden, sollten diese für den zukünftigen Welpen Käufer einsehbar und nachvollziehbar sein. Der Züchter sollte in der Lage sein, Ihnen alle Fragen zu beantworten und niemals genervt sein, egal wie ‚dumm' die Fragen auch sein mögen. Im Idealfall dürfen sie vor Übergabe ‚Ihren' Welpen bereits mehrmals besuchen. Die Welpen sollten auf jeden Fall bei Abgabe durch einen Chip gekennzeichnet worden sein, altersgerecht geimpft und mehrmals entwurmt sein. Außerdem sollte der Züchter hochwertiges Futter mitgeben, damit der Welpe in der ersten Zeit keine Futterumstellungsprobleme hat. Und natürlich sollten die Welpen mit Papieren abgegeben werden, in der nicht nur Name und Chip, Geburtsdatum etc., sondern auch die ersten 5 Generationen verzeichnet sind, um eine (spätere) Inzucht zum Beispiel auszuschließen bzw. zu vermeiden."

Kann man die Papiere eines Züchters eigentlich überprüfen?

„Natürlich kann man das. Heutzutage lässt sich ja im Internet alles herausfinden. Die Papiere eines Züchters sind meistens im Namen eines Rassehundevereines ausgestellt worden. Dies steht irgendwo vermerkt. Bei uns ist dies zum Beispiel der ‚Parson Jack Russell Terrier Club of Germany'. Wenn man diesen also in eine Suchmaschine eingeben würde, so käme man natürlich auf unsere Vereinshomepage. Dort erfährt der interessierte Welpen Käufer vieles über die Rasse, Abstammung und Gesundheit der Tiere sowie auch die Zuchtordnung, die jeder angeschlossene Züchter einzuhalten hat. Hat man Schwierigkeiten den Verein überhaupt zu finden, so sollte man die Finger davon lassen.

Bei uns im Verein wird die Abstammung auf fünf Generationen angegeben und das Ergebnis der Wurfabnahme, aus der der Hund stammt, miterfasst. So kann der Welpen Käufer sich informieren, ob es bei den Geschwistern evtl. Erkrankungen gab. Dies hat etwas mit Ehrlich-

Ein guter Züchter hat keine Geheimnisse und lässt sich hinter die Kulissen schauen.

keit des Züchters zu tun, denn auch bei sorgfältigster Planung, und hier wiederhole ich mich, können leider Erbfehler auftreten. Hier ist die Natur dann einfach immer noch bestimmende Kraft, auch wenn wir vieles vorher bedenken und beachten.

Ferner haben Sie die Gewissheit, dass die Welpen nicht nur vom Tierarzt, sondern auch von einem Zuchtwart begutachtet worden sind, der die Rasse genauestens kennt."

Welpen von Billigzüchtern aus Osteuropa sind natürlich tabu. Aber wie sieht es mit „Privatzüchtern" aus?

„Unter den Privatzüchtern gibt es weiße und schwarze Schafe. Einige ziehen ihre Welpen auch ohne Papiere gewissenhaft auf und kümmern sich mit Herz und Seele darum.

Aber bei Hunden ohne Ahnentafel weiß man z. B. auch nie, ob diese nicht doch enger verwandt sind, evtl. sogar Bruder und Schwester?

Oft fehlen dort auch wichtige Informationen z. B. bzgl. neuer Gesundheitstests u. ä., diese Informationen reicht der Verein an seine Mitglieder weiter. Kauft man einen Hund aus einem etablierten Verein, so hat man die Gewissheit, dass man auch nach dem Kauf noch ausgiebig beraten wird, eventuell sogar Kontakt zu anderen Züchtern bekommt und so ein Hundeleben lang Ansprechpartner für den geliebten Vierbeiner hat. Dies gilt auch für alle Züchter, die bei uns im Verein Mitglied sind: Hier gibt es keine Tabus. Jeder hilft jedem und auch wenn es Probleme gibt, werden Meinungen gesammelt und man berät sich. So ist es möglich, das beste Ergebnis für die Hunde zu erzielen. Der Verein steht auch den Welpen Käufern mit Rat und Tat später zur Seite."

Worauf muss ich beim Welpen achten?

„Vieles habe ich ja schon erwähnt. Die Zuchtstätte sollte sauber und im Haus sein. Die Welpen sollten fröhlich sein und gesund aussehen (Fell, Nasen, Augen sind gute Indikatoren). Ein Welpe sollte immer geimpft, gechipt und mehrfach(!) entwurmt worden sein. Wichtig ist auch, dass der gesamte Wurf von einem Tierarzt begutachtet wurde und dass dieser keine Beanstandungen hat."

PJRTCG e.V.

Heinrich-Osterath-Str.305
21037 Hamburg
Patrizia Schnoor, 1. Vorsitzende
Tel.: 040 - 7373 914, Fax: 040 - 7371 7891
Mail: PJRTCGeV@aol.com
Web: www.pjrt.info

„Drum prüfe, wer sich ewig bindet…“

Eine Checkliste mit zehn Punkten für „vor dem Hund“

Herzlichen Glückwunsch! Sie haben sich nach reiflicher Überlegung dazu entschlossen, sich einen Hund anzuschaffen. Aber haben Sie wirklich in Ruhe und nach Abwägung von Pro und Kontra abschließend noch einmal darüber nachgedacht, ob ein Hund für Sie wirklich das Richtige ist? Ein Hund ist keine Sache, die man beliebig umtauschen oder gar abschaffen kann. Denken Sie daran: Große und temperamentvolle Hunde brauchen viel Raum, Auslauf und Bewegung im Freien. Und fallen Sie bitte nicht auf unseriöse Hundehändler herein, die mit verlockenden Inseraten und wohlklingenden Namen und Ahnentafeln locken.

FRED & OTTO hat für Sie in Zusammenarbeit mit Josefine Leuwen vom Tierschutzverein Sylt e. V. eine Checkliste zusammengestellt:

1. Ist Ihr Vermieter bzw. Ihr Hauswirt einverstanden?
2. Wünschen sich alle Familienmitglieder einen Hund?
3. Wer sorgt für den Hund?
4. Ist sichergestellt, dass der Hund vier Mal am Tag insgesamt mindestens zwei Stunden Auslauf bekommt?
5. Sind Sie sicher, dass gelegentliches Bellen niemanden stört?
6. Wissen Sie, dass Sie mit der Anschaffung eines Hundes eine große Verantwortung für viele Jahre übernehmen?
7. Denken Sie daran: Ein Hund kann bis zu 15 Jahre alt werden. So lange lebt er in Ihrer Familie und braucht Tag für Tag Pflege und Auslauf.
8. Stören Sie sich an Hundehaaren und Straßenschmutz in der Wohnung? Wie sieht es mit Buddeln im Garten aus?
9. Ein Hund ist teuer! Futter, Hundesteuer, Tierarzt, Haftpflichtversicherung, evtl. Unterbringung in einer Tierpension?
10. Sind Sie bereit, mit dem Hund in die Ferien zu fahren? (Offensichtlich, denn sonst wären Sie ja jetzt nicht mit Ihrem Hund auf Sylt und würden in unserem Inselführer blättern.)

Jagdgefährten fürs Leben!

Jagdhunde brauchen besondere Beschäftigung

Irgendwann entwickelt jeder eine Affinität zu bestimmten Hunderassen. Ebenso stellt sich irgendwann jedem Hundehalter die Frage „Engagiere ich mich im Tierschutz, ja oder nein?" Bei den Jagdgefährten e.V. kam beides zusammen: Die Gründer und Mitglieder des Vereins haben ihr Herz an die Jagdhunderassen verloren, sind Jäger, Züchter und ambitionierte Hundeführer, führen selbst einen oder mehrere Hunde und waren alle in unterschiedlichen Zusammenhängen im Tierschutz aktiv. 2011 entschlossen sie sich, die Jagdgefährten e.V. zu gründen und sich ausschließlich der art- und rassegerechten Vermittlung von Jagdhunden und deren Mischlingen zu widmen. Eine besondere Rolle spielte Leopold, eine Dachsbracke aus Ungarn.

Winter 2010 in einer Tötungsstation in Ungarn. Ein unwirklicher Ort, der jeden beschämen muss. Tötungsstationen gibt es fast in ganz Europa. Es gibt sie, weil Menschen ihre Hunde wegwerfen. In der Station ist es kalt. Auf blanken Betonböden stehen winzige Käfige, darin stehen, hocken, liegen, kauern Hunde. Alle Größen, Farben, Rassen, Mischlinge, alte Hunde mit grauen Gesichtern, ausgemergelte Junghunde. Viele Hunde sind krank. Es stinkt. Es ist laut. Es verschlägt einem den Atem. Über hundert Hunde, deren Leben hier zu Ende ist, denn jeder Käfig trägt eine Nummer und ein Datum. Ab diesem Datum darf getötet werden!

In einer dunklen Ecke saß mit wachen, traurigen Augen eine Dachsbracke. Eine Tierschutzorganisation rettete den damals fünfjährigen Rüden, tauschte Nummer und Datum gegen einen Namen. Leopold kam nach Deutschland in eine Pflegestelle zu einem Jäger, der sich nur „einen netten Hund" wünschte. Dann absolvierte Leopold im neuen Zuhause seine erste Nachsuche und zeigte, wofür er geboren und offensichtlich einmal ausgebildet worden war, bevor ihn jemand im Stich ließ und sein Leben elend enden sollte. Leopold und sein Hundeführer sind dann schnell ein Team geworden, Jagdgefährten fürs Leben eben.

Auch die Geschichte von Tekla geht unter die Haut. Sie war 2012 in einer Tötungsstation. Über die Jagdgefährten e.V. wurde sie nach Deutschland gebracht. Wieder zu einem Jäger, der sich als Pflegestelle angeboten hatte. Auch hier übernahm Tekla das Ruder, überzeugte beim Reviergang durch hervorragende Nasenleistung. , Ihr „Pflegevater" wagte es im April 2013 sie zur Ver-

Fast verhungert - heute glücklich und vermittelt

einssuche beim „1. Allg. Club für Bayrische Gebirgsschweißhunde BGS“ anzumelden. Der Wettbewerb wurde in einem Niederwildrevier zwischen acht BGS ausgetragen. Tekla löste die anspruchsvolle Aufgabe mit Bravour und nahm als Suchensiegerin den BGS-Pokal mit nach Hause. Die Augen des Prüfungskomitees waren groß, als sie erfuhren, dass Tekla ein Hund aus der Tötung ist.

Doch Jagdgefährten e.V. vermittelt nicht nur an Jäger, sondern an alle Hundehalter, die willens sind, einem Jagdhund art- und rassegerechte Haltung und Beschäftigung zu geben. Das kann die Jagd sein, aber auch andere „nasenauslastenden Berufe“ wie z.B. Dummytraining, Mantrailing oder Flächensuche bei der Rettungshundearbeit. Und auch ein Jagdhund, der mit seinem Besitzer in der Stadt lebt doch täglich mit interessanten Aufgaben, wie z.B. Zughundesport oder Canicross, ausgelastet ist, kann ein glücklicher Jagdhund sein. (Ursula Weidmann)

Jagdgefährten e.V.

Annoweg 2
58675 Hemer
Web: www.jagdgefaehrten.de

Spendenkonto
Jagdgefährten e.V.
Kontonummer 14056386
Sparkasse Lippstadt
BLZ 416 500 01

Tierheimhelden!

Ein Start-Up vernetzt die Tierheime und hilft bei der Vermittlung

Daniel Medding, einer der Gründer von www.tierheimhelden.de, ist sich sicher: Tiere aus Tierheimen sind alles andere als Vierbeiner 2. Klasse. Für ihn und seine Mitstreiter von www.tierheimhelden.de war klar, dass sie sich eine große Aufgabe vorgenommen hatten. Tiere aus dem Tierheim sollen erste Wahl für Tiersuchende werden. Deshalb vernetzt das soziale und gemeinnützige Projekt Tierheimhelden.de über seine Website bundesweit Tierheime und Tiersuchende und vereinfacht die Tiersuche damit erheblich. So ist die breitgefächerte Suche nach dem Wunschtier anhand detaillierter Eigenschaften genauso möglich wie der virtuelle Rundgang durch die digitalen Profile der Schützlinge in den Partnertierheimen. Tierheimhelden können außerdem durch direkte Spenden, Patenschaften oder einfach das Teilen der Tierprofile im sozialen Web helfen.

Die Tierheimhelden

Tierheimhelden

Daniel Medding
Mobil: 0176/21140756
Mail: daniel@tierheimhelden.de

Unterstützen Sie Tierheimhelden durch ein „Gefällt mir“ auf der Facebookseite:
www.facebook.com/tierheimhelden
www.tierheimhelden.de

bugatti

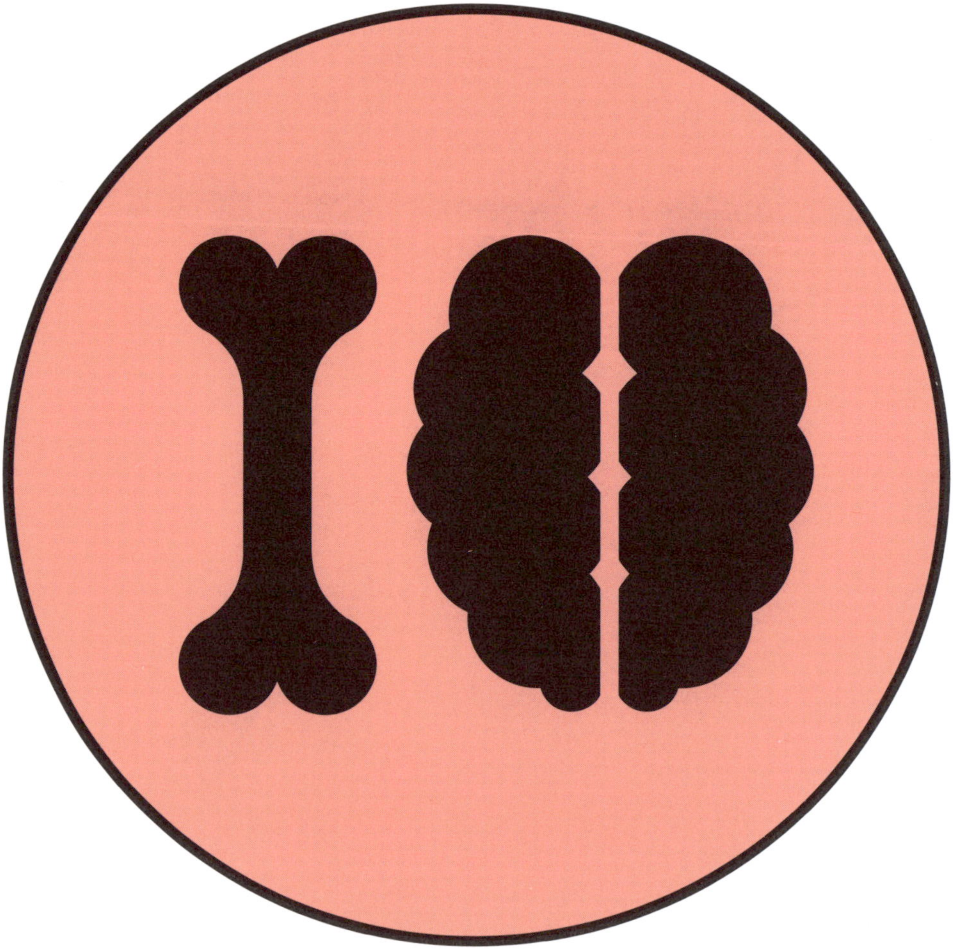

Futter & Philosophie

Selbstverständlich sind die Geschmäcker unterschiedlich und natürlich kann man über die richtige Ernährung bei Hunden stundenlang diskutieren. Nassfutter? Trockenfutter? Discounter oder Frischfleisch vom Schlachter? Auf Sylt gibt es sogar von Hand gekochtes Futter im dekorativen Weck-Glas. Sie sehen schon, Futter ist immer auch eine Frage der eigenen Lebensphilosophie. Das haben wir in den vielen Gesprächen gemerkt, die wir auf der Insel – unter anderem mit einem mobilen Hundefutter-Lieferdienst – geführt haben. In diesem Kapitel möchten wir ein paar Entscheidungshilfen geben und wollen versuchen, etwas Licht in die Futtermittelindustrie zu bringen. Dazu haben wir Sylt verlassen und bei einem Futtermittelhersteller auf dem Hamburger Fleischgroßmarkt hinter die Kulissen geschaut.

„Gefundenes Fressen“

Ein Besuch auf dem Fleischgroßmarkt

„In vier Wochen sollte sich ein Hund einmal durch eine Kuh gefressen haben.“ Der Mann, der das sagt, steht früh morgens um kurz nach sieben am Eingang einer der vielen Hallen auf dem Hamburger Fleischgroßmarkt. Mittendrin, zwischen Schanze und Karolinenviertel, den vegetarischen und veganen Hochburgen der Stadt, dreht sich hinter den hohen, blauen Toren alles um Lämmer, Rinder, Schweine und auch um Hundefutter. Während müde Menschen über den Bürgersteig schlurfen, um frische Brötchen oder die Tageszeitung zu holen und Erikas Eck die letzten Nachtschwärmer ausspuckt, herrscht auf dem Fleischgroßmarkt bereits geschäftiges Treiben. Joachim Meyer ist um diese Zeit schon voll in seinem Element. Der Mann mit der markanten schwarzen Augenklappe stellt Hundefutter her. Ökologisch korrekt. Getrocknet oder gefrostet. Und nicht von irgendwo her: BE-GA Fleisch, so heißt seine Firma, verarbeitet nur Produkte von niedersächsischen und schleswig-holsteinischen Schlachthöfen, sowie von Jägern aus dem Hamburger Umland.

Rinderohren. Riechen streng, schmecken gut.

Hochwertige Produkte aus Niedersachsen und Schleswig-Holstein

„Das“, so Joachim Meyer, bevor er einen Einblick hinter die Kulissen seines Betriebes gewährt, „hat den Vorteil, dass wir unsere Lieferanten alle persönlich kennen und dass wir nicht auf diese langen und qualvollen Tiertransporte angewiesen sind.“ Bei BE-GA Fleisch wird auch auf eine saisonale Produktpalette Wert gelegt. „Es muss ja auch nicht das ganze Jahr hindurch Wild angeboten werden.“ Während er das sagt, eilt er schon eine Eisentreppe in den ersten Stock seines Firmengebäudes hinauf. „Sie glauben ja gar nicht, was in Deutschland so alles ins Hundefutter gemischt werden darf“, ruft er über die Schulter zurück. „Das ist eine echte...“ Hier folgt ein kräftiges Schimpfwort. Am oberen Ende der Treppe angekommen, links

Hier ist nur das drin, was draufsteht.

herum, dann durch zwei weitere Türen und noch einmal ein paar Stufen rauf und wieder runter empfängt einen ein eigenwilliger Geruch. „Atmen Sie einfach flach durch den Mund“, sagt Joachim Meyer. Er erklärt, was hier riecht: Rinderlunge und Schweineohren, die gerade getrocknet werden. „Das funktioniert mitten in Hamburg so, wie es die Nomaden in der Wüste machen“, erklärt er: „Fleisch muss langsam trocknen. Nur dann entsteht am Ende ein gutes Produkt, das nicht bei Ihnen zu Hause im Schrank anfängt zu schimmeln. Drei bis vier Tage lang lassen wir das, was später zu Trockenprodukten und Leckerlis wird, hier trocknen. Dann erhöhen wir die Temperatur für fünf Tage auf gut 90 Grad Kerntemperatur.“ Nur so kann das Wasser schonend aus den zu trocknenden Ohren und Lungen entweichen. Während Joachim Meyer flinken Schrittes in Richtung Kühlkammer geht, erzählt er, dass von 1,1 Tonnen Pansen nach diesem aufwendigen Trocknungsprozess gerade einmal 180 Kilogramm getrocknete Ware übrig bleibt. Der Vorteil für den Hundebesitzer ist, dass diese Leckerlis im Vergleich zu industriell und schnell getrockneten Produkten später relativ geruchsarm sind. Er greift in eine Kiste mit Lammohren. „Sie erkennen hochwertige Trockenprodukte daran, dass Sie diese ganz leicht durchbrechen können, die Produkte aber nicht bröseln.“ Genau darum geht es Joachim Meyer und seinem Team seit vielen Jahren: hochwertige Tiernahrung zu produzieren.

Wie die Nomaden in der Wüste

Neben Trockenprodukten wird hier auch zum Barfen geeignetes rohes und gebrühtes Futter hergestellt. Das wird frisch zubereitet und dann bei Minus 18 Grad eingefroren. Und auch hier setzt der Futterspezialist ausschließlich auf Qualität: „Nehmen Sie mal den Pansen dahinten: Der wird bereits bei unserem Lieferanten gewässert und geschleudert, denn nur so bekommen Sie den Geruch und den Geschmack von Jauche raus.“ Es gibt in ganz Norddeutschland genau einen einzigen Betrieb, von dem Joachim Meyer den bei ihm verarbeiteten Pansen bezieht. Auch hier bestehen langjährige, persönliche Geschäftskontakte. „Meine Kunden vertrauen mir, dass sie hier nur erstklassige Ware bekommen. Und ich vertraue meinen Lieferanten. So einfach ist das.“ Bei vielen anderen läuft das ganz anders: Der Trockenpansen einer großen Hundefutterkette kommt zum Beispiel vom indischen Wasserbüffel. „Der wird“, so Meyer, „nur auf Kerntemperatur getrocknet und dann chemisch behandelt, um den Seeweg nach Deutschland zu überstehen. Das ist bei dem Konkurrenzkampf in der Futtermittelbranche kein Wunder.“

Frisches Fleisch wird auf dem Wochenmarkt verkauft.

Im Hintergrund fischt gerade ein Mitarbeiter Pferdeluftröhren aus einem großen, dampfenden Bottich. Gut 80 Zentimeter lang, mit dem Durchmesser einer kleinen Untertasse, während er erklärt, wie der Pansen dann weiterverarbeitet wird: „Den Pansen hängen wir dann für mindestens 24 Stunden im Kühlraum auf, um ihm die Feuchtigkeit zu entziehen.“ Bei weniger hochwertig gefertigter Ware kann es beim Auftauen schon einmal passieren, dass bis zu dreißig Prozent Wasser austreten. Bei Joachim Meyers Produkten ist das nicht der Fall. Das sagt nicht er selbst, sondern seine Kunden. Ganz gleich ob es die Besitzerin von Peggy aus dem Frisiersalon in der Parallelstraße ist oder die Chefin des Hundegeschäftes gleich ums Eck. Wo man hinhört, schwören Hamburger Hundebesitzer auf die Qualität von Joachim Meyers Produkten. „Wichtig ist ja beim Barfen, dass zwei Dinge beachtet werden: Der Säuregehalt, der im Pansen auftritt, muss durch Kalzium neutralisiert werden. Und den hohen Proteingehalt von Frischfleisch reduzieren Sie durch die Beigabe von gebrühtem oder püriertem Gemüse auf das richtige Maß“, erklärt der dreifache Hundebesitzer. „Wenn Sie zu so einer Fleischmahlzeit also gebrühte und pürierte Karotten mit zugeben, sorgen Sie auch automatisch für einen ausgeglichenen Vitaminhaushalt bei Ihrem Hund.“

BE-GA Fleisch

Fleischgroßmarkt Hamburg
Lagerstraße 17
20357 Hamburg
Joachim Meyer
Tel.: 040 - 435 283
Fax: 040 - 430 3424
Mail: info@bega-fleisch.de
Web: www.BEGA-Fleisch.de

Verkauft wird auf dem Markt und übers Internet

Zu kaufen gibt's das alles übrigens nicht nur im Internetshop, sondern auch jeden Samstagvormittag auf dem Wochenmarkt in der Großen Bergstraße in Hamburg-Altona, direkt vor der Haspa-Filiale. Und das mittlerweile auch schon seit mehr als 16 Jahren. „Sie können natürlich auch direkt hier auf dem Großmarkt bei uns einkaufen“, verrät Joachim Meyer zum Schluss des Rundgangs. Gegenüber von der Produktion betreibt er seinen Lagerverkauf. Vollkommen „geruchsneutral“ werden hier montags bis freitags zwischen 9 und 14 Uhr gefrostete und getrocknete Spezialitäten für Hunde verkauft.

„Nur reine Ware…“

Bei der Frage, was der Hund fressen soll, scheiden sich die Geister

Was soll man füttern?

Einmal mit offenen Augen durch den Insel-Supermarkt oder das Tierfachgeschäft in Westerland gelaufen und festgestellt: Hundefutter gibt es wie Sand am Lister Ellenbogen. Immer wieder füllen neue Geschmacksrichtungen die Regale in den Geschäften. Mittlerweile wird der Hund in der Werbung sogar zum Gourmet- oder gar Biofleisch Liebhaber stilisiert. Birte Petersen verkauft in ihrem Keitumer Geschäft „Stil & Blüte“ seit kurzem sogar von Hand gekochtes Biohundefutter im dekorativen Weck-Glas und Leberwurstkekse in Inselform. Selbstverständlich frisch gebacken und immer unter Verwendung natürlicher Inhaltsstoffe. Passend zum Lifestyle von Herrchen und Frauchen. Neben Discountern, Drogerie- und Baumärkten strömen auch immer mehr regionale Anbieter auf den Markt, die das Geschäft mit hochpreisigem „Bio-“ oder „Ökofutter“ aufmischen wollen. Mehr als eine Milliarde Euro hat der deutsche Hundefuttermarkt im Jahr 2011 in die Kassen der Unternehmen gespült. Zum größten Teil natürlich mit industriell gefertigtem Hundefutter. Eine tierärztliche Studie aus dem Jahr 2012 besagt, dass mehr als 90 Prozent aller Hundebesitzer Fertigfutter verwenden, bzw. dieses mit zusätzlichen Zutaten kombinieren. Neben Trockenfutter sind auch die sogenannten „Hundesnacks“ heiß begehrt. Hier ist der Umsatz im Vergleich zum Jahr 2010 auf 373 Millionen Euro gestiegen, Nassfutter kommt gleich dahinter mit 362 Millionen Euro. Und was machen die restlichen Hundehalter? Sie kochen selbst für Ihren Hund, ernähren ihn vegan oder greifen zu einer anderen Alter-

Es gibt Fleisch: Paddy und Paulina auf dem Wochenmarkt.

Helga Winters selbstgemachte Leberwurstkekse gibt's am Kiosk Baakdeel: Nur Keks und Leberwurst, ohne Farb- und Konservierungsstoffe.

native wie dem Barfen. Egal welche der Möglichkeiten Sie nun für die Beste halten: Es gibt schlichtweg keine eindeutige Antwort. So unterschiedlich der Lifestyle der Frauchen und Herrchen, so verschieden die Wahl der Ernährung des Hundes.

Trocken- oder Nassfutter? Oder lieber Frischfleisch?

Anke Metz vom Sylter Hundeshop hat uns erklärt, dass die hochwertigen Nass- und Trockenfutter in der Regel alle wichtigen Nährstoffe für den Hund enthalten. Dazu gehören neben Eiweißen und Fetten auch Mineralien, Vitamine und pflanzliche Stoffe. Die mehrfache Hundebesitzerin ist seit vielen Jahren darauf spezialisiert, Insulanern und Feriengästen das ganze Jahr über täglich frisches, rohes Fleisch und das dazu passende Gemüse für ihre Hunde zu liefern. Die Inhaberin des Lieferservices weist darauf hin, dass beim Barfen neben Frischfleisch und ungekochten Knochen natürlich auch Obst und Gemüse verfüttert werden muss: „Wichtig ist beim Barfen, dass zwei Dinge beachtet werden: Der Säuregehalt, der im Pansen auftritt, muss durch Kalzium neutralisiert werden. Und den hohen Proteingehalt von Frischfleisch reduziert man durch die Beigabe von gebrühtem oder püriertem Gemüse auf das richtige Maß. Wenn Sie zu so einer Fleischmahlzeit also gebrühte und pürierte Karotten mit zugeben, sorgen Sie auch automatisch für einen ausgeglichenen Vitaminhaushalt bei Ihrem Hund.“ Bei Anke Metz können ihre Kunden die entsprechende Dosis Gemüse gleich mit dazu ordern: „Mein Händler, der mich beliefert, blanchiert frisches Gemüse, verfeinert das mit Salat, wolft es, streicht es glatt aus und friert es in dünnen Platten ein. Das liefere ich dann aus und die Feriengäste mit Hund hier auf der Insel können sich das dann portionsweise abbrechen. Der Rest kommt wieder ins Gefrierfach." Wichtiger als die Ernährungsmethode sind natürlich die Qualität des Futters und die Dosierung. Ein quicklebendiger junger Hund braucht sicherlich eine andere Menge täglichen Futters als ein Hunde-Opi. Welche Nährstoffe ein Hund in welcher Menge benötigt, hängt also von der Rasse, vom Lebensalter und natürlich auch vom Temperament des Hundes und seinem Aktivitätsniveau ab. Für Anke Metz ist es vor allem bei einem kranken oder allergischen Hund wichtig, was in den Hundenapf gehört und was nicht: „Meine Erfahrung zeigt, dass es bei einer ausgewogenen Ernährung keinen Unterschied macht, ob man nun Trocken- oder Nassfutter füttert." Alle Sorten, die der Sylter-Hundeshop im Programm hat, werden übrigens gewolft im tiefgefrorenen Paket zu einem Kilogramm oder in einem handlichen 2x250 Gramm Paket geliefert.

Der wesentliche Unterschied liegt bei beiden Futterarten im Wassergehalt. Während Trockenfutter knapp 10 Prozent Wasseranteil hat, sind es beim Nassfutter ca. 80 Prozent. Trockenfutter weist also eine deutlich höhere Nährstoffkonzentration auf. Das birgt beim Trockenfutter die Gefahr, dass ein Hund bei einer falschen Dosierung schnell mit Nährstoffen überversorgt wird. Die Folgen: Übergewicht oder mögliche Allergien, sowie ein allgemeines Unwohlsein. Außerdem ist es ganz wichtig, dass Hunde ausreichend Wasser zum Trockenfutter bekommen.

Teuer = gut?

Der Preis einer Hundefuttersorte muss nicht zwangsläufig etwas über die Qualität aussagen. Auch vom Zusatz „Bio" sollte man sich nicht in die Irre führen lassen, denn der, so Anke Metz, sagt gar nichts über die Qualität des Hundefutters aus: „Nur weil das, was im Futter drin ist, von Herstellern mit Bio-Siegel kommt, heißt das noch lange nicht, dass das Futter auch gut für den Hund ist." Kalzium ist so ein Produkt. Zu viel davon kann bei Welpen Schäden beim Knochenwachstum hervorrufen. Die Stiftung Warentest hat mehrere Hundefutter untersucht und festgestellt, dass in einigen Produkten zu viel Kalzium und in anderen zu wenig Zink, Seelen und Kupfer enthalten sind. Das Ergebnis des Tests: Qualitativ minderwertige Produkte können bei Hunden zu Mangelerscheinungen oder zu einer Überversorgung führen.

Abfall im Hundefutter

Joachim Meyer empfiehlt das Buch „Katzen würden Mäuse kaufen" von Hans-Ulrich Grimm, denn dort wird den Herstellungsprozessen in der Futtermittel-Industrie auf den Grund gegangen. Er findet es unglaublich, was der Autor herausgefunden hat: „Alles, was für den Menschen ungenießbar ist, kann man ja heute mit Chemie auf Geschmack trimmen. ‚Veredeln' nennt die Industrie das", sagt Meyer verächtlich. Und dabei ist es noch nicht einmal verboten, Erbrochenes, Abfall, Kot und Kadaver zu Hundefutter zu verarbeiten. Laut Futtermittelgesetz ist ein Hersteller von Futtermitteln nämlich nur dazu verpflichtet, Zutatengruppen anzugeben. „Einzelzutaten, Aromastof-

Schmeckt auch mit Schale: Ein rohes Ei.

fe oder Geschmacksverstärker brauchen Sie also gar nicht angeben", ärgert sich Meyer.

Natürlich sind nicht alle Hersteller von Hundefutter schwarze Schafe. Die Frage ist nur, wie man sich vor minderwertigem Futter schützen und dieses von hochwertigem Futter unterscheiden kann? Futtermittelhersteller Joachim Meyer erklärt: „Ein Hersteller guter Produkte hat auf seinen Produkten nie nur „Nebenerzeugnisse" stehen, sondern weist darüber hinaus jede Zutat einzeln aus." Und wenn das teilweise für den Laien unverständlich daherkommt, dann ist das auch nicht weiter schlimm. Die Hersteller sind dazu verpflichtet, ihre Kontaktdaten auf der Verpackung anzugeben. Damit jeder bei Fragen zur Qualität einfach nachhaken kann. Und wer bereitwillig Auskunft gibt, hat auch nichts zu verbergen. So wie Joachim Meyer, der ganz klar alle Zutaten seiner Pansensticks auf der Verpackung aufführt: Pansen. Sonst nichts. Eben nur reine Ware.

Gutes Hundefutter gibt es hier:

Sylter Hundeshop (ausschließlich Lieferservice)
Anke Metz
Alte Dorfstraße 3a
25980 Tinnum
Tel.: 0171-5403771
Mail: info@sylter-hundeshop.de
Web: www.sylter-hundeshop.de

Stil & Blüte
Birte Petersen
Gurtstig 33
25980 Sylt / Keitum
Tel.: 04651-936191
Fax: 04651-936178
Mail: stilundbluete@hotmail.com
Web: www.stilundbluete-sylt.de

„Seeluft macht hungrig“

Frisches Fleisch für hungrige Hunde: Anke Metz liefert bis ins Hotelzimmer

Menschen sind unterschiedlich und Geschmäcker sind verschieden. In ungewohnter Umgebung schmeckt es uns entweder besonders gut oder wir brauchen einige Zeit, bis sich unser gewohnter Appetit an die neuen Örtlichkeiten angepasst hat. Bei Hunden kann man beobachten, dass sie an fremden Orten einige Tage brauchen, um wieder ihren normalen Fressgewohnheiten zu folgen. Überzeugte Trockenfutter Fütterer können an dieser Stelle gerne weiterblättern. „Barfern“ stellen wir hier die Frage, ob es für Hund und Halter nicht von Vorteil wäre, wenn das von zu Hause gewohnte Frischfutter mitreisen könnte. Ohne, dass man es schleppen, einfrieren, auftauen und das dazugehörige Gemüse auch noch pürieren müsste. „Natürlich wäre es das“, sagt Anke Metz vom Sylter Hundeshop aus Tinnum ganz entschieden. Sie besitzt auf Sylt nicht nur Deutschlands einzigen Hundebetten-Mietservice, sondern betreibt gleichzeitig auch einen Lieferservice für Frischfleisch-Lieferungen. „Ich bin mit Hunden aufgewachsen und irgendwann ist dann Stöpsel in mein Leben getreten“, erzählt die Frau, die vor vielen Jahren auf die Insel gezogen ist. Stöpsel, ein aufmerksamer Leonberger-Hovawart-Mix, hebt den Kopf, als er seinen Namen hört. „Ich habe immer trocken gefüttert. Und irgendwann hat Stöpsel das Futter nicht mehr vertragen. Er ist davon regelrecht krank geworden.“ In Zusammenarbeit mit der Heilpraktikerin für Hunde, Katja Kleefeld, bietet Anke Metz mittlerweile auch Ernährungsberatung für Hunde an. „Das kommt in Verbindung mit dem Lieferservice bei den Gästen gut an“, erzählt sie.

Das Prozedere ist ja auch denkbar einfach. „Die Gäste rufen mich im Vorfeld ihrer Sylt-Reise an oder schreiben mir eine E-Mail, mit ihren Reisedaten. Dann bekommen sie von mir ein Angebot, was das Frischfutter für die Dauer ihres Aufenthaltes kostet. Und ich bekomme von den Gästen dann den Auftrag zu liefern.“ Das frische, tiefgefrorene Fleisch, entweder Rind, Geflügel, Lamm, Pferd, Ziege, oder Känguru, wird im Kilo-Paket oder im kleineren 2x250 Gramm Paket ausgeliefert. Ob reines Muskelfleisch, grüner Pansen oder Herz, Hals, Kehlkopf, Schlund: Einzig der Geschmack entscheidet, was ge-

Anke Metz liefert frisches Fleisch auf Bestellung.

liefert werden darf. Darüber hinaus gibt es bei Anke Metz natürlich auch das beim Barfen unverzichtbare Gemüse in dünnen tiefgefrorenen Platten, die die Feriengäste je nach Bedarf abbrechen und dem Futter zugeben können. Der Rest wandert wieder ins Gefrierfach. „Das Gemüse, das ich verkaufe, beziehe ich von einem Händler, der es blanchiert, dann fein wolft, mit Salat verfeinert und schockfrostet", berichtet die Futterlieferantin. „Für den Anreisetag müssen die Gäste allerdings noch eine Portion Futter mitbringen", ergänzt sie. Das hat logistische Gründe: „Ich hatte es schon, dass die Gäste auf der Autobahn in den Stau kamen oder das Sylt-Shuttle voll war und sie dann mit dem nächsten Zug fahren mussten. Da hab ich dann teilweise bis abends um zehn gewartet. Und wenn die dann endlich in ihrer Ferienwohnung oder im Hotel waren, hatten viele natürlich keine Lust mehr, sich noch mit einer Wochenration Futter einzudecken."

Ein Paket der Futterlieferung, die Anke Metz dann am ersten Urlaubstag morgens ausliefert, nimmt sie bereits abends aus der Tiefkühlung. So wird sichergestellt, dass das Futter gebrauchsfertig ist und die Hundehalter ihren Hund morgens füttern können, ohne erst lange darauf warten zu müssen, bis das Futter aufgetaut ist. „Der Hund soll ja morgens was zu fressen bekommen und entspannt in seine Ferien starten!"

Sylter Hundeshop

(ausschließlich Lieferservice)
Anke Metz
Alte Dorfstraße 3a
25980 Tinnum
Tel.: 0171-5403771
Mail: info@sylter-hundeshop.de
Web: www.sylter-hundeshop.de

Weniger Fleisch ist mehr

Ein Tiernahrungshersteller will unsere Hunde zu „nachhaltigen“ Konsumenten machen

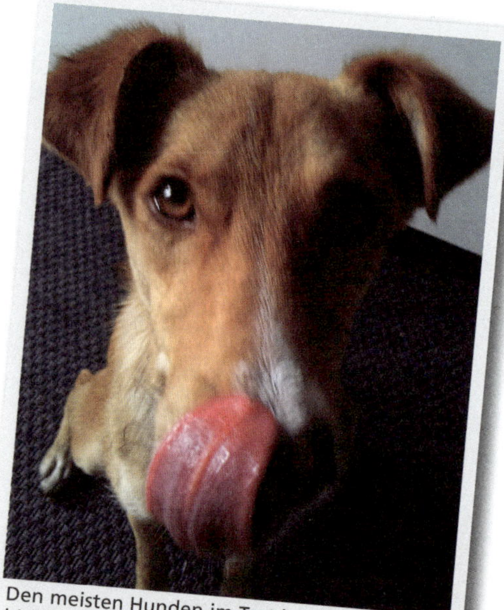

Den meisten Hunden im Test hat Flexidog bisher sehr gut geschmeckt

Aus welchem Grund auch immer – die Zahl der Hundehalter, die sich selbst fleischlos ernähren oder zumindest öfter auf Fleisch verzichten, wird größer. Neben Vegetariern und Veganern gibt es immer mehr „Flexitarier“. So nennt man Menschen, die auf Fleisch nicht ganz verzichten wollen, aber ihren Fleischkonsum nach dem Motto „Weniger, dafür besser“ auf ein Maß zurückfahren, das für die Umwelt und die eigene Gesundheit zuträglicher ist und auch ein Zeichen gegen die Auswüchse der Massentierhaltung setzen will.

Erfolgreicher Futtertest

Aber der Hund? Begleitet er Herrchen oder Frauchen auf diesem Weg? Ein mittelständischer deutscher Tiernahrungshersteller will es Hundebesitzern jetzt erleichtern, ihre Lieblinge von einem nachhaltigeren Lebensstil zu überzeugen. Basierend auf wissenschaftlichen Erkenntnissen, die dem Hund bescheinigen, längst zum Allesfresser geworden zu sein, der pflanzliche Energie genauso gut verwerten kann wie tierische, entwickelte „Foodforplanet“ mehrere Sorten Trockenfutter mit einem deutlich höheren Anteil pflanzlicher Nahrungsbestandteile. Das ganze Programm läuft unter der Marke „Green Petfood“, die erste Produktserie nennt sich „Flexidog“. So hat „Flexidog 85“ nur 15 % tierische Anteile im Futter. Es soll sich für ausgewachsene Hunde der größeren Rassen als Alleinfuttermittel eignen. Ein Test mit über hundert Hunden hat gezeigt, dass die allermeisten Hunde das Futter nicht nur akzeptieren, sondern sehr gern fressen und gut vertragen. Die Ergebnisse der Testaktion sind auf der Website www.hundkeinwolf.de dokumentiert.

Wachsenden Hunden und kleineren agilen Rassen, die mehr Protein benötigen, wird „Flexidog70“ angeboten, das zu 70 Prozent pflanzliche Nahrung enthält. Aber Klaus Wagner, der verantwortliche Produktmanager beim Hersteller von „Flexidog“, will bei der Reduktion des Fleischanteils noch weitergehen. „Die Herstellung tierischer Nahrungsmittel ist aufwendig und in gewisser Weise auch ineffizient“, so Wagner. Für eine Nahrungskalorie aus Fleisch muss ein Vielfaches an pflanzlichem Energieinput aufgewendet werden, darauf weisen Umweltverbände wie der WWF schon seit Jahren hin. Allmählich scheint das in den Köpfen anzukommen.

Als professioneller Tierernährer spricht sich Klaus Wagner für ein fleischärmeres Hundefutter aus

Im Bund mit der Evolution

Evolutionär sind Mensch und Hund gut darauf vorbereitet, eine immer größer werdende Weltbevölkerung dauerhaft zu ernähren. Beide sind Allesfresser, der Mensch war es schon seit jeher, der Hund hat es in den letzten 20.000 Jahren in Gemeinschaft des Menschen gelernt. Hunde sind heute vom Wolf, von dem sie abstammen, in Bezug auf das Verdauungssystem, aber auch bei Hirnfunktionen und im Nervensystem durchaus verschieden. Zwar hält sich der Mythos vom Wolf im Hund so hartnäckig, wie es eine Zeitlang auch gängig war, vom Menschen als dem „nackten Affen“ zu sprechen. Aber die Macher von „Flexidog“ setzen darauf, dass es vor allem in städtischen Lebenswelten genügend Hundehalter gibt, die ein moderneres Bild vom Hund haben. Damit hat der „Flexidog“-Hersteller anscheinend eine Zielgruppe im Auge, die Genuss, Gesundheit und Umwelt auch im täglichen Konsum unter einen Hut bringen möchte. Hundehalter, die dieser Zielgruppe angehören, kann man davon überzeugen, dass Trockenfutter allein schon wegen des Verpackungsaufwands eine bessere Ökobilanz hat als Nassfutter – wenn das angebotene Trockenfutter qualitativ hochwertig ist und die Inhaltsstoffe transparent sind. Gentechnikfrei ist ein Muss. Bei der Erklärung der Futterzusammensetzung, so die Erfahrung von Klaus Wagner, sind die „Flexidog“-Kunden besonders interessiert und kritisch. Deshalb bekommen sie mit der ersten Lieferung auch eine Broschüre zur Produkttransparenz an die Hand. „Alle paar Wochen nehmen wir in diese Liste weitere Punkte mit auf“, berichtet Wagner, „um unsere Kunden auf dem Weg zur nachhaltigen Hundeernährung zu unterstützen“.

„Hamburger Kugeln: Ein köstliches Stück Hansestadt auf Sylt“

Ein Blick hinter die Kulissen der Hundetrüffel-Manufaktur „Hamburger Kugeln“

Wer im Hamburger Westen unterwegs ist und die Augen offenhält, findet sie vielleicht. Die unscheinbare weiße Tür, die zwischen Efeu und grünen Ranken versteckt Einlass gewährt in Hamburgs wohl exklusivste Manufaktur für Hundetrüffel. „Heute noch so gut wie hausgemacht“ behauptet die Werbung von einer Nusstafel. Tatiana Gritsenko schmunzelt bei diesem – zugegebenermaßen etwas hinkenden - Vergleich, als sie uns in der Tür empfängt: „Bei uns wird tatsächlich noch jede einzelne Hundepraline von Hand gefertigt. Aber kommen Sie doch erst mal herein.“ Herein in die kleine Firma, in der seit 2011 jede Woche viele kleine, handgefertigte schwarze und weiße Trüffeln zusammengedreht, in Form gerollt und in hundegerechte Portionen geschnitten werden, bevor sie dann zum Beispiel nach Keitum zu Birte Petersen in ihr Geschäft Stil & Blüte im Gurtstig geliefert werden.

Alles, was es dazu braucht, sind vier Zutaten pro Geschmacksrichtung, einen Löffel und ein Messer. „Hamburger Kugeln bestehen zu 100 Prozent aus reiner Ware“, erklärt Tatiana Gritsenko. Sie holt gerade ein Blech mit den bei Hunden besonders beliebten „Schwarzen Trüffeln“ aus dem Ofen. Die vier Zutaten der Kugeln sind kein Geheimnis. „70% frische Rinderleber, Bio-Haferflocken, Bio-Ei und Olivenöl: fertig sind die schwarzen Trüffeln. Mehr kommt in meine kleinen Köstlichkeiten nicht rein“, erzählt Tatiana Gritsenko stolz. Und weiter: „Ich habe die Rezeptur für Kugeln und die ‚Doggy Drops' aus möglichst wenigen Zutaten entwickelt. Das ist für den Hund einfach bekömmlicher und für die Hundehalter ist das transparenter.“ So weiß jeder ganz genau, was sein Hund frisst. Die frisch aus dem Ofen geholten schwarzen Kugeln kühlen auf einer Anrichte aus. „Die Inhaltsstoffe und die Zusammensetzung meiner Trüffeln werden regelmäßig von einem unabhängigen Labor überprüft“, erzählt Tatiana Gritsenko, während sie eine Ladung weiße Trüffeln in den Ofen schiebt.

Jede Kugel gibt es auch Gluten frei

Die weißen Kugeln sind die zweite Sorte, die heute in der Trüffelküche gefertigt

Schmecken Hunden auch auf Sylt: „Hamburger Kugeln".

wird. Sie werden mit Bio-Hüttenkäse anstelle von Rinderleber hergestellt und das Olivenöl wird durch Bio-Karotten ersetzt. Ganz gleich ob schwarz oder weiß: Beide Geschmacksrichtungen gibt es jeweils auch als glutenfreie Variante. Dann werden die Haferflocken durch Maniok aus einem ortsansässigen Fair-Trade Geschäft ersetzt. Wie lange genau und bei welchen Temperaturen die Kugeln zunächst gebacken werden und für wie viele Tage sie dann trocknen und fermentieren, das verrät Tatiana Gritsenko nur unter dem Siegel absoluter Verschwiegenheit. Hört sich alles ganz plausibel und nachvollziehbar an, darf aber hier nicht verraten werden. Denn sonst könne „ja jeder seine eigenen Hamburger Kugeln herstellen."

Während die schwarzen Kugeln jetzt einige Tage an der Luft trocknen und die weißen, gerade in den Ofen geschobenen Kugeln bei unterschiedlichen Temperaturen für mehrere Stunden ausgebacken werden, öffnet Tatiana Gritsenko die Tür eines weiteren Raumes ihrer Manufaktur. Auf der linken Seite lagern die unterschiedlichen fertigen Kugeln in luftigen Holzkisten. Anschließend finden sie ihr Plätzchen in den markanten, grünen Kästchen mit der braunen Banderole. Selbstverständlich von Hand und immer nur gerade so viel, wie von Kunden über den Onlineshop oder von Tierbedarfsgeschäften (nicht nur) in Hamburg nachgefragt wird. „Ich habe hier keine Massen an Vorräten", erklärt Tatiana Gritsenko. „Die Ware, die hier steht, reicht ungefähr aus, um die Anfragen der nächsten fünf oder sechs Tage zu bedienen. Ich produziere ja mehrmals in der Woche immer wieder frische Kugeln und Doggy Drops." Die fleißige Geschäftsfrau ergänzt, dass es schon mal vorkommen kann, dass „man auf seine Bestellung im Shop zwei, drei Tage warten muss." Schließlich werden die Hamburger Kugeln nicht am Fließband produziert. Und die Nachfrage nach den Trüffeln steigt ständig. Das hat neben den gesunden Inhaltsstoffen auch damit zu tun, dass sie keine Dickmacher sind. Die Hamburger Händler, zum Beispiel die „Pet-Shop-Boyz" in St. Georg, beliefert sie übrigens ebenso nachhaltig, wie sie ihre Produkte herstellt: Mit dem Fahrrad und einem Anhänger. „Stil & Blüte" wird übrigens nicht mit dem Fahrrad samt Anhänger beliefert, sondern ganz konventionell per Post.

Ganz neu, ganz lecker: Haggis für Hunde.

Testlabor und Ideenschmiede

Auf der Arbeitsfläche an der gegenüberliegenden Wand befindet sich das Testlabor, die Ideenschmiede. Hier lebt Tatiana Gritsenko ihre kreative Ader aus. Aus einer Schublade holt sie ein kleines Kästchen aus hellem und stabilem, gewellten Karton hervor. Trotz aller Tradition, die sie hier in ihrer Manufaktur lebt, möchte sie weiter wachsen und neue Märkte erschließen. Der Inhalt des Kästchens? Wird noch nicht verraten. Aber man merkt ihr an, dass sie mit der Art, wie die aufwendige Schleife nachher das Kästchen verschließen soll, noch nicht zufrieden ist.

Sie experimentiert im Moment mit Siegellack und verschiedenen Stempeln, sagt sie: „Aber das, was mir gefällt, und elegant aussieht, bietet nicht genug Halt, um die Schleife zusammen zu halten. Und das, was genug Halt bietet, sieht noch nicht so elegant aus, wie ich mir das vorstelle." Der originelle Aufdruck des Kästchens macht auf jeden Fall Lust darauf, einen Blick in die Packung mit dem neuen Produkt zu werfen. Der Part der Produktentwicklerin macht ihr natürlich auch sehr viel Spaß. So richtig wohl fühlt sich die Wahlhamburgerin aber immer dann, wenn sie in ihrer Küche steht. So wohl, dass sie ganz aktuell sogar mit Leckerlis für Pferde experimentiert.

Extra für die Insel: Sylt Trüffeln mit Nordseekrabben

Und während sie den Entwürfen ihrer Verpackungen gemeinsam mit der befreundeten Designerin Ines Handschuh den letzten Schliff gibt, lässt sie den Geschmack neuer Produkte von den Freunden ihrer Welsh-Terrier-Hündin Kira testen: „Auf Kiras Gassiwiese fressen viele Hunde keine Leckerlis. Aber Hamburger Kugeln wollen alle!" Und auf Sylt ist das mittlerweile genauso.

Hamburger Kugeln

Manufaktur für Hundetrüffel
Tatiana Gritsenko
Tel.: 040 - 9436 6224
Mail:bahrenfelderhund@googlemail.com
Web: www.hamburgerkugeln.de

Sitz & Platz

Natürlich ist auf einer Insel wie Sylt die Hundeerziehung ein sehr wichtiges Thema. Denn ganz besonders während der Hauptsaison dürfen die eigenen Vierbeiner in den allermeisten Fällen nicht ohne Leine am Strand entlang laufen. Sie brauchen also ein ganz besonderes Maß an Grundgehorsam und Zurückhaltung, um am Strand, in der Friedrichstraße in Westerland, am alten Lister Hafen und im Strönwai in Kampen zwischen den ganzen Menschenmengen klarzukommen. Wir sind den Fragen nachgegangen: Was muss ein Hund als erstes lernen? Woran erkennt man eine gute Hundeschule und einen guten Hundetrainer? Was sind die modernen Methoden der Hundeerziehung. Und ganz egal, mit wem wir gesprochen haben: Alle waren sich einig darüber, dass Stadt- und Inselhunde noch mehr sozialisiert und gefordert werden müssen, um gut mit ihnen zusammen leben zu können. Um so am Ende selbst ein entspanntes Leben führen zu können.

„Mein Hund pinkelt nicht, wenn's regnet..."

Unterwegs mit der Sylter Rangerin Stefanie Hausen am Strand von Wenningstedt

Die Rangerin unterwegs im Dienst mit Jamiro und Max.

Es ist windig am Strand von Wenningstedt. Ziemlich windig sogar. Die aufgeregt flatternde rote Fahne am Badeabschnitt hinter Wonnemeyers Strandsauna signalisiert trotz strahlendem Sonnenschein „Baden verboten". Die wenigen Strandkörbe, die dicht an die Dünenkante geduckt auf das endgültige Ende der Saison warten, drehen der tosenden See den Rücken zu und stehen heute fast alle leer. Die meisten Gäste sitzen lieber in den windgeschützten Cafés in der Inselmitte. Hier und da kommt uns am Flutsaum ein Spaziergänger entgegen. Manchmal sogar mit Hund. Und die sind meistens sogar angeleint. „Heute ist hier so wenig los, da mache ich kein Theater, wenn mir hier ein Gast mit Hund ohne Leine entgegen kommt. Aber genau das ist ja auch mein Job: Mit Augenmaß darauf zu achten, dass Strandbesucher mit und ohne Hund gut miteinander auskommen und die Hundehalter ihren Vierbeiner nach Möglichkeit nur an den dafür vorgesehenen Abschnitten frei laufen lassen", schmunzelt Stefanie Hausen. Die sympathische Sylterin ist in dieser Saison mit ihrem Border-Husky-Mischling Jamiro als Rangerin an den Stränden und im Naturschutzgebiet der Gemeinden Wenningstedt-Braderup und Kampen unterwegs. Heute hat sie auch noch Max dabei, einen Hundekumpel von Jamiro.

„Meine Vorgänger hatten allesamt keinen Hund", erzählt sie, während sie quasi nebenbei einen Hundebeutel aus einer der vielen Seitentaschen ihrer beigefarbenen Cargohose fingert und Jamiros geschäftliche Hinterlassenschaften aus dem Dünen-

Buddeln macht Spaß: Jamiro und Max am Hundestrand.

gras entfernt. „Ohne Hund wäre dieser Job manchmal sehr anstrengend. Denn für viele Hundebesitzer wären wir Ranger dann einfach nur die verständnislosen Hundehasser." Dabei bringt Stefanie Hausen erstaunlich viel Verständnis für die Begründungen der Sylter Feriengäste auf, mit denen sie das leinenlose Laufen ihrer Lieblinge verargumentieren wollen. Denn die meisten Fehler, so die gebürtige Insulanerin, begehen die

Menschen aus Unwissenheit. Denn nicht jeder Feriengast liest sich in die Hunderegeln der Insel ein, bevor er seinen Urlaub auf Sylt antritt. „Ich hatte mal einen ganz schweren Fall“, schmunzelt sie, während sie in gut 150 Metern Entfernung einen jungen Mann mit schnellem Lenkdrachen beobachtet. „Der Herr mit Hund hörte mir geduldig zu, als ich ihm erklärt habe, warum er seinen Hund bitte an die Leine nehmen solle. Am Ende meines Monologes ist er dann einfach weitergegangen. Natürlich, ohne den Hund anzuleinen.“ Stefanie Hausen macht einen aufgeräumten und ausgeglichenen Eindruck, während sie nun zielstrebig auf den Drachenlenker zusteuert. Jamiro und Max dabei immer an der kurzen Leine. „Ich bin ja ein von Natur aus fröhlicher Mensch“, sagt sie, „und habe dem etwas beratungsresistenten Herrn mit Hund angeboten, ihn gerne ein Stückchen am Strand bei seinem Spaziergang zu begleiten.“ Der leinenlose Hundebesitzer hat sich dann wohlwollend Stefanie Hausens Argumentation angehört, warum ein Hund während der Saison zwischen Strandkörben und spielenden Kindern nun einmal ohne Ausnahme angeleint sein muss. „Und genau das ist halt eben der Vorteil, wenn Sie selbst einen Hund besitzen: Die Menschen hören Ihnen viel eher zu. Ich will ja nicht maßregeln und möchte keine Verbote aussprechen! Aber wenn sich alle an die Regeln halten, können auch alle harmonisch miteinander auskommen und die Insel genießen.“ Ganz so, wie der junge Mann mit seinem Lenkdrachen, dessen Drachen nach einem waghalsigen Manöver mit einem Sturz in die Gischt vom Himmel gefallen ist. Glücklicherweise, ohne bei seinem Sturzflug einen der entgegenkommenden Wanderer zu skalpieren.

Die Rangerin spricht ihn an, die Hunde beschnüffeln den Mann, der wiederum streichelt die Hunde. „Das sei kein Absturz gewesen, er habe den Drachen kontrolliert zu Boden gebracht, weil ihm Leute entgegengekommen seien“ antwortet er etwas ausweichend auf die von der Rangerin vorgetragene Frage, wer ihm denn die Erlaubnis erteilt habe, an diesem engen Strandabschnitt trotz des Verbotsschildes seinen Drachen steigen zu lassen. Und an dieser Stelle erfolgt eben nicht die zu erwartende Belehrung im klassischen Sinne nach dem Motto „was hätte nicht alles passieren können, wenn...“. Was folgt, ist ein Gespräch auf Augenhöhe. Mit viel Verständnis für den Drachensteiger und ehrlicher Wissbegierde, wie er denn seinen Drachen im Notfall – und ohne großen Schaden anzurichten – kontrolliert landen lassen würde. Da wird dem jungen Feriengast bewusst, dass sein Drachen bei Windstärke sechs doch auch ein bisschen gefährlich für die verträumt die Sonne genießenden Strandwanderer am Flutsaum sein kann. Man einigt sich darauf, dass der Drachen einige Hundert Meter weiter nördlich wieder abheben darf; dort, wo keine Strandkörbe mehr stehen und der Strand wieder etwas breiter wird. Stefanie Hausen ist zufrieden und stapft mit Jamiro und Max weiter durch den sonnigen Wind an der Wasserkante entlang in Richtung Kampen und Uwedüne, der höchsten natürlichen Erhebung der Insel. „Das Tolle an meinem Job ist, dass ich bei Wind und Wetter an der frischen Luft unterwegs bin. Ich lerne viele neue Leute kennen und führe interessante Gespräche und habe meinen Hund dabei immer an meiner Seite. Manchen Menschen sind es ja auch gar nicht gewohnt, dass man ihnen

In der Saison bitte nur an der Leine: Hunde am Strand auf Sylt.

was vorschreibt und dann komme ich um die Ecke und sage: ‚Entschuldigen Sie bitte, Sie dürfen Ihren Hund hier nicht frei laufen lassen'. Da ist schon eine Menge Sensibilität und Einfühlungsvermögen gefordert. Der Ton macht die Musik! Aber wer kann am Ende des Tages schon von sich behaupten, so einen vielfältigen Job zu haben?"

Verständlich, dass der Job an diesem sonnigen Spätsommertag Lust und Laune macht. Aber im November? Oder im Februar? „Sie kennen doch unseren Schnack hier oben", lacht die sympathische Dreißigjährige, „es gibt kein schlechtes Wetter. Es gibt nur die falschen Klamotten." Manchmal offensichtlich auch für Hunde, erinnert sich Stefanie Hausen: „Ich habe dieses Jahr im Juni hier am Strand bei Sturm, acht Grad und strömendem Regen einen jungen Mann getroffen. Der stand mit hochgezogenen Schultern und bibbernd hier in der Gegend rum und hielt seinen Regenschirm schützend über seinen Hund." Welche Welt denn hier jetzt verkehrt sei, wollte die Rangerin von dem Feriengast wissen. Mit leicht resigniertem Augenaufschlag erklärte dieser dann: „Mein Hund pinkelt nicht, wenn's regnet. Der würde eher auslaufen, als bei diesem Wetter sein Beinchen zu heben."

Mehr Infos

Stefanie Hausen
Zertifizierte Hundetrainerin (BVZ)
Tel.: 0172-1635495
Mail: sternie.sylt@gmx.de

Die Hunde-nanny von nebenan

Das Start-Up Leinentausch vermittelt persönliche Betreuung für Hunde

Arbeiten und die Bedürfnisse des Hundes erfüllen? Wer nicht gerade das Glück hat, seinen Hund mit ins Büro nehmen zu können, steht vor einer echten Herausforderung. Das spürte auch Vanessa Lewerenz-Bourmer. Nachdem sie mit Mann und Hunden nach Berlin gezogen war, suchte sie lange nach einer guten Betreuung für ihre beiden Vierbeiner – ohne wirklichen Erfolg. Was tun? Im Juli 2013 gründete sie Leinentausch, eine Plattform bei der Hundehalter eine Betreuung für die Zeit buchen können, in der sie ihren Vierbeiner selbst nicht artgerecht versorgen können. Das Angebot reicht von Gassi-Services über die Betreuung während der Arbeitszeit, bis hin zur klassischen Ferienbetreuung mit Übernachtung. Vanessa Lewerenz-Bourmer möchte „Hundehalter nicht dazu ermutigen, ihren Hund ‚abzugeben', sondern eine Lösung für ein existierendes Problem bieten", wie sie sagt. Denn „welcher junge Mensch kann schon voraussehen, wie es beruflich in 2, 4 oder 10 Jahren aussieht? Wenn wir alle auf den perfekten Zeitpunkt zur Hundehaltung warten würden, würde es immer weniger Hundehalter geben."

Wie Leinentausch funktioniert

Auf der Plattform können sich Hundesitter und Hundehalter registrieren und je nach Bedarf zusammenkommen. Hundesitter machen Angaben zu ihrem Wohnumfeld und dazu, ob bereits Artgenossen vorhanden sind. Die Hundehalter füllen einen Fragebogen zu ihrem Hund aus, wo zusätzlich zu Rasse, Alter und Geschlecht 12 Eigenschaften abgefragt werden, beispielsweise: Ist der Hund verträglich mit Artgenossen, mit Katzen und mit Kindern? Wieviel Temperament hat er oder hat er gar Verlassensängste? „Was für den einen Sitter absolut irrelevant sein mag, ist bei einem anderen ein absolutes Knockout-Kriterium." Anhand des Hundeprofils können die Hundebetreuer auf einen Blick einschätzen, ob der Gasthund in ihr persönliches Lebensumfeld passt. Damit bietet Leinentausch dem Hundehalter gleichzeitig die Gewissheit, dass der Hundesitter weiß, wo

Sylt steckst du locker in die Tasche:
Tausende Hunde-Orte in ganz Deutschland in einer App!
KOSTENLOS
Hundefreizeit
Saarlandstraße
Dr. Rüdiger Rudat
Döscherstraße
Hundekindergarten auf de...
Dr. Angelika Polzenhagen
Hundesalon Cut for Dogs
Hamburger Hundepflege
Dog's Places
Die besten Plätze für deinen Hund.

Leinentausch Gründerin Vanessa Lewerenz-Bourmer mit ihrem ehemaligen Straßenhund „Filou".

rauf er sich einlässt. „Kein Hund ist wie der andere und auch Hundesitter haben ihre persönlichen Vorlieben, so dass wir bisher jeden Hund unterbringen konnten."

Bei Leinentausch sind – vom Laien bis zum professionellen Hundetrainer – alle Erfahrungslevel vertreten. „Wir prüfen in einem Interview, ob die Einstellung stimmt", erzählt die Gründerin. Wer also komplett daneben liegt und nicht über die notwendige Sachkenntnis verfügt, wird nicht freigeschaltet. „Sicherheit ist uns ein Herzensanliegen, deswegen verifiziert Leinentausch auch die Kontaktdaten und die Personalausweise der angehenden Hundebetreuer." Mittelfristig wird über ein Weiterqualifizierungskonzept für die Betreuer nachgedacht – so Lewerenz-Bourmer, die selbst eine Ausbildung zur Hundetrainerin (IHK/BHV) absolviert.

Familienanschluss

Eine Hundebetreuung über Leinentausch ist immer eine Betreuung mit Familienanschluss. So wie bei Jennifer Miksch, 26, die mit Hunden aufgewachsen ist. Gerne würde sie wieder einen Hund haben. Das Hundesitting bei leinentausch.de war dann der Kompromiss mit ihrem Freund. Für 14 Tage hat sie Mischlingsdame Paula bei sich aufgenommen. Für 23 Euro pro Tag, was preiswerter ist als viele Hundepensionen. Ihren Preis legt sie im Profil auf der Plattform selbst fest. Für Miksch sind es 14 glückliche Tage. Einer fremden Person den eigenen Hund zu überlassen, ist natürlich eine absolute Vertrauensfrage. Deswegen empfiehlt Lewerenz-Bourmer die Suche nach einem Hundebetreuer frühzeitig anzugehen. In der Regel gibt es immer ein erstes gemeinsames Kennenlernen, verbunden mit einer Gassirunde, um zu prüfen ob die Chemie zwischen Hund und Betreuer stimmt. Bei Ferienbetreuungen – wie im Fall von Paula – gab es sogar eine Probeübernachtung. Das Frauchen von Paula war sehr beruhigt, als Paula am Abgabetag freudig wedelnd die Treppe hinaufstürmte und gleich wusste, zu welcher Tür sie muss. Da fiel die Trennung dann nicht mehr ganz so schwer.

Leinentausch

Web: www.leinentausch.de
Mail: kontakt@leinentausch.de

Pfötchenhotel® Hamburg
Pfötchenhotel® Jade
Pfötchenhotel® Resort Berlin
Pfötchenhotel® Hilden
Pfötchenhotel®
das große Hotel für kleine Gäste
„HERRCHEN IST DER BESTE!"
Fuchsbergstraße18
40724-Hilden
Tel:(02103)39585-0
Fax:(02103)39585-39
hilden@pfoetchenhotel.de
tchenhotel® Hilden
Pfötchenhotel® Jade
JaderStraße27
26349-Jade
Tel:(04454)97886-0
Fax:(04454)97886-19
jade@pfoetchenhotel.de
Pfötchenhotel® Resort Berlin
Birkenallee10-11
14547-Beelitz
Tel:(033204)6178-0
Fax:(033204)6178-19
berlin@pfoetchenhotel.de
www.pfoetchenhotel.de

„Kommando Keks“

Ein Trainingsabend beim GHSV-Sylt

Jette und Homer haben auch bei schlechtem Wetter Spaß am Training.

Donnerstagabend, kurz nach 19:00 Uhr. Langsam wird es dunkel. Feiner Nordseeregen frisst sich nach und nach durch Jacke, Hose und Mütze. Ortstermin in Tinnum hinter der Sporthalle Sylt-Ost auf der Trainingswiese des GHSV, des Gebrauchshunde-Sportvereins Sylt. Dreißig bis vierzig Sylterinnen und Sylter treffen sich hier das ganze Jahr über bei Wind und Wetter, zweimal pro Woche: Immer donnerstags um 19:00 Uhr und sonntags um 10:00 Uhr. „Wir sind halt alle keine Kirchgänger“, schmunzelt einer der anwesenden Hundebesitzer. „Wir haben hier querdurch alles vertreten“, erzählt die erste Vorsitzende Beate Poldinger. Da ist das ehrenamtliche THW-Mitglied, das die Abende nutzt, seine zu Spürhunden ausgebildeten Labradore Jette & Homer qualifiziert zu beschäftigen. Da ist das junge Mädchen, das mit dem frisch aus dem Sylter Tierheim erstandenen Hund die ersten Gehversuche in Sachen Hundeerziehung macht. Natürlich hat auch dieser Verein, wie so viele auf dem Land, Nachwuchsprobleme. Gerade erst wurden der 27 Jahre alte Koch Toni Hammer aus Leipzig und seine aus dem Sylter
Tierheim stammende Hündin Amy als 100. Mitglied begrüßt.

Das war der lokalen Tageszeitung sogar eine halbe Seite Berichterstattung wert. Und die Vereinsvorsitzende Beate Poldinger überreichte feierlich einen Präsentkorb. Der Zeitung verriet die Vorsitzende, dass es sehr schwierig sei, junge Leute für einen Verein zu begeistern. Darauf angesprochen nickt Stefanie Hausen nur. Immerhin halten die gut 21.000 Einwohner ungefähr 1.750 Hunde. Und Hunde und ihre Erziehung sind auch auf Sylt ein wichtiges Thema. Stefanie Hausen ist seit sechs Jahren aktiv im Hundesport tätig. Sie studiert Tierpsychologie mit Schwerpunkt

Hundeerziehung hat nichts mit Brüllen, sondern mit Bestimmtheit und Souveränität zu tun.

Hundeverhaltensberatung und arbeitet beim GHSV als eine von insgesamt sechs ehrenamtlichen Ausbildern. In diesem Jahr wurde sie Vize-Landesmeisterin bei der Schleswig-Holsteinischen Gebrauchshundemeisterschaft. Einige Mitglieder der kleinen Truppe, die sich an diesem verregneten und langsam in der Dunkelheit versinkenden Donnerstagabend auf dem großflächigen Sportplatz versammelt hat, üben für die demnächst anstehende Begleithundeprüfung.

Theorie und Praxis

Theorie im Vereinsheim – Praxis draußen auf dem Platz. Absitzen, Suchen, Stehenbleiben und nicht instinktiv dem geworfenen Ball hinterher rennen: Der Weg zum gut ausgebildeten Begleithund ist hart und steinig. Stefanie Hausen schlägt sich den Kragen ihrer leuchtend roten Windjacke hoch und zieht sich die Mütze noch etwas tiefer ins Gesicht: „Wie einfach könnte es sein, wenn unsere Hunde unsere Sprache sprächen und verstünden. Dann wären unsere Vierbeiner nicht so zwingend darauf angewiesen herauszufinden, was wir mit unserer Stimmlage und Körpersprache wohl meinen.“ Denn anstatt laut zu werden, reicht es oft schon aus, dem Hund gegenüber bestimmt und souverän aufzutreten. Kommunikation ist eben keine Einbahnstraße. Die Rangerin der Gemeinden Wenningstedt-Braderup und Kampen stellt ganz nüchtern fest: „Hundeerziehung scheitert bei vielen Mensch einfach daran, dass sie schlicht und ergreifend nicht verstehen, was die Hunde ihnen sagen wollen. Und umgekehrt!“ Diese Missverständnisse sollten besonders bei Stadthunden aus dem Weg geräumt werden. Denn eine verständliche Kommunikation beider Seiten macht es erst möglich, dem anderen gerecht zu werden und ein friedliches und fröhliches Miteinander zu leben. Eine verständliche Kommunikation ist gerade bei Stadthunden wichtig, ist doch der soziale Druck für den Hamburger Hundehalter im täglichen Hundeleben viel größer, als in – sagen wir mal – Nordfriesland. Natürlich ist die Erziehung von Hunden zu einem großen Teil eine Frage der eigenen Philosophie und Weltanschauung. Nicht wenige Menschen glauben, dass man aus einem Moment der Verzweiflung mit Schreierei am weitesten kommt.

Immer donnerstags trainiert die GHSV-Welpengruppe

Nicht immer gleich losbrüllen

Natürlich erfordert eine konsequente Hundeerziehung auch eine gute Portion Mut. Beate Poldinger hält fest, dass man hin und wieder bei der Hundeerziehung auch mal der Spielverderber sein und Dinge verbieten darf: „Es ist verkehrt, seinen Hund im Affekt unkontrolliert und unangemessen zu bestrafen, weil er einen nicht ernst zu nehmen scheint. Ich finde es aber durchaus angemessen, den Hund in bestimmten Situationen einzuschränken oder ein Verbot durchzusetzen, weil ich ein bestimmtes Erziehungsmodell verfolge. So kann er lernen, dass es für ihn besser ist, in bestimmten Situationen auf mein Kommando zu hören." Denn nur durch eine in jeder Beziehung kontinuierliche und verlässliche Erziehung kann ein Hund ein für ihn überschaubares und sicheres Leben führen und sich in jeder Situation auf das Vertrauen seines Besitzers verlassen. „Das sind genau die Fragen, die wir immer donnerstags um 19:00 Uhr und sonntags um 10:00 Uhr bei unseren Treffen im GHSV in Tinnum behandeln", erzählt Beate Poldinger. Die erste Vorsitzende arbeitet gezielt den Problemen entgegen, die das Zusammenleben oft besonders schwer machen: Aggression, Jagen von Fahrrädern oder Joggern, Bellen, Anspringen oder auch Angst. „Wichtig ist dabei, dass die Ausbildung hunde- und rassenspezifisch erfolgt. Nur so kann ich für einen Hund und seinen Halter die passenden Lösungen finden", ergänzt sie.

Praktische Übungen für Hund und Halter

„Das Hundetraining ist im GHSV-Sylt ganz pragmatisch aufgebaut: Wir arbeiten mit praktischen Übungen, die der Hundehalter erlernen und selber umsetzen muss. Es bringt ja nix, wenn sich der Hund bei uns benehmen kann und seinem Frauchen oder Herrchen zu Hause auf der Nase herumtanzt", schmunzelt Stefanie Hausen. Die Übungen bauen aufeinander auf und ziehen sich durch das gesamte Training. Außerdem werden die bisher schwierigen Situationen, in denen ein spezielles Problem auftritt, direkt aufgesucht und bearbeitet. Dadurch wird eine neue Bewertung der Lage ermöglicht. Homer und Jette, zwei zum Vermissten-Suchhund ausgebildete Golden Retriever, wissen was das bedeutet. Sie können per Fingerzeig ihres Halters unterscheiden, ob sie jetzt „im Dienst" sind, oder ganz privat herumtollen dürfen.

Soziale Bindung ist wichtig

Für die aktive Turnierhundesportlerin ist es klar, dass soziale Bindungen, Vertrauen und „sich-auch-mal-streiten-und-wieder-vertragen" in der Hundeerziehung wichtige Elemente sind. Natürlich kann und soll man richtiges Verhalten durch ein Lob oder ein Leckerli belohnen. Die Frage ist nur: Zieht die reine Belohnungsstrategie dauerhaft stärker als der Hase in den Lister Dünen oder die Möwe am Strand? Es soll tatsächlich Hunde geben, denen Spielen wichtiger ist als Fressen. Beate Poldinger und Stefanie Hausen sind sich einig: „Geben Sie nicht auf! Junge Hunde sind wie kleine Kinder. Manchmal muss man sie mehrmals mit Ruhe und Geduld anspornen, bis man zum gewünschten Erfolg kommt. Fairness und Souveränität sind dabei die oberste Regel." Hunde wissen von Natur aus nicht, dass ein Auto eine Gefahr bedeuten kann und dass es ihnen einen klaren Vorteil bringt, wenn sie bereits bei der ersten Ansprache bei Fuß gehen oder Platz machen.

Soziale Kompetenz kann man lernen

Die Grundbefehle Sitz, Platz, Fuß zu erlernen ist für die meisten Hunde nicht sonderlich schwer. Die Geschwindigkeit, mit der dieses Ziel erreicht wird, hängt dabei entscheidend von der Motivation des Hundes und des Menschen ab. Für die sehr aktiven Vereinsmitglieder ist es wichtig, dass nicht nur formal sondern auch sozial gelernt wird. Deshalb lernen die Hunde in der GHSV Gruppe ein hohes Maß an Umweltsicherheit und Frustrationstoleranz. Und das schon seit 1981. Im Januar des Jahres wurde der Verein in der „Tinnumer Eiche" gegründet. Nur wenn ein Hund die im Idealfall von seinem Halter ausgehende Gelassenheit übernimmt, wird aus einer oftmals schwierig anmutenden Dressur eine wirkliche Erziehung. Es ist wichtig, das Potential der Hunde zu erkennen. „In der Hundeerziehung wird heute oft ausschließlich mit Belohnung durch Leckerlis gearbeitet", stellt Stefanie Hausen fest. Das reduziere das Tier auf einen unmündigen Futterempfänger, der im schlimmsten Fall gar nicht mehr in der Lage sei ohne ständige Leckerlis eine soziale Bindung zu seinem Menschen aufzubauen. „Eine ehrliche Bindung aufbauen kann man auch ohne ständig zu füttern. Ich gehöre ja schließlich nicht zum ‚Kommando Keks'."

Mit anderen Hunden klarkommen

Einhergehend mit einer geschärften sozialen Kompetenz des Hundes erscheinen auch andere Vierbeiner nicht mehr so schnell als potentielle Gefahr. „Gerade wer hier auf der Insel mit seinem Hund unterwegs ist, der kann ein Lied davon singen. Der Hund zieht und zerrt, ist total aufgeregt und schreckt auch nicht davor zurück, anderen Hunden mal die Zähne zu zeigen", sagt Beate Pol-

Nicht nur im Training erfolgreich, sondern auch im Wettbewerb: 2013 gewinnt der GHSV-Sylt den Mannschaftspokal.

dinger. Der
GHSV-Sylt bietet als Vorbereitung
auf solche Situationen ein spezielles Training für Hunde und Halter an. Dazu gehört nämlich auch, zu spielen und miteinander auszukommen. In kleinen Gruppen mit geringer Fluktuation kann der Hund unter der Aufsicht von Stefanie Hausen, die Mitglied im BVZ, dem Berufsverband zertifizierter Hundetrainer ist, ganz Hund sein. Und zur Not schlichtet die Sylterin auch schon mal, denn das allzu saloppe „Die machen das schon unter sich aus" ist nicht immer sinnvoll.

Giftköder & Co.

Ein Hund in der Stadt lebt gefährlich, natürlich gefährlicher, als ein Hund auf einer Nordseeinsel. Giftköder für Ratten und Mäuse und andere Gifte sind keine

Seltenheit. „Ganz wichtig ist es, dass Sie Ihrem Hund beibringen, nichts vom Boden zu fressen. Besonders beim Beagle und bei einem Labrador müssen Sie da gehörig aufpassen. Die fressen wirklich alles, was ihnen vor die Nase kommt. Und leider können die Tiere nicht unterscheiden, ob ihnen das gut tut oder nicht.“

Mit dem Hund arbeiten

Ganz egal, welchen Ansatz man wählt: Wichtig ist es, am Anfang der Ausbildung Zeit und Geduld zu investieren. Also zum Beispiel die Welpenschule des GHSV-Sylt zu besuchen. „Auf dieser Grundlage können Sie dann aufbauen. Was Sie dann im Anschluss daraus machen, ist natürlich auch ein bisschen Geschmackssache“, so Stefanie Hausen. Wichtig ist eines: Beschäftigung heißt nicht, dass der Hund 1.000 Kunststückchen und Agility beherrschen muss. Beschäftigung heißt auch, mit anderen Hunden auszukommen oder dem Drang zu widerstehen, ständig Nachbars Katze zu jagen. Letzten Endes kommt auch das immer auf den jeweiligen Charakter des Hundes und seine Rasse an. „Außerdem“, ergänzt die Sylter Rangerin, „lebt der Hund durch seine Nase. Während wir Menschen gerade einmal 10 bis 30 Millionen Riechzellen, sogenannte Chemorezeptoren haben, besitzt ein Hund etwa 250 Millionen davon. Gehen Sie doch einfach mal neue Wege mit Ihrem Hund. Was glauben Sie, wie der sich freut.“

GHSV Gebrauchshundesportverein Sylt

Beate Poldinger, 1. Vorsitzende
Am Sportplatz
25980 Keitum-Sylt
Mail: hoernumerhunde@hotmail.com
Web: www.ghsv-sylt.de

Gassi & Co.

Hundemenschen sind mobile Menschen. Jeden Tag müssen sie raus zum Gassi gehen. Und viele wissen: Gassi gehen ist nicht gleich Gassi gehen. Denn einfach immer nur die gleiche, tägliche Minimalrunde um den Block macht höchstens alte und/oder fußkranke Hunde glücklich. Hunde brauchen nämlich auch im Urlaub und in den Ferien Abenteuer, Beschäftigung und spannende Aufgaben. Wo aber kann man genau das erleben? Wo sind die besten Auslaufgebiete zwischen Odde und Ellenbogen, zwischen Morsum Kliff und Uwedüne? Wo darf man auf Sylt seinen Hund ganz ungeniert (und vielleicht ja sogar ohne Leine) ins Wasser zum Baden lassen? Wie beschäftigt man seinen Hund beim Spaziergang? Und was macht man, wenn der Hund dann doch mal zu Hause beschäftigt werden muss, weil die Zeit knapp ist? Wir haben einen Blick auf den umfangreichen Markt der Sylter Hunde-Dienstleister geworfen und ganz zufällig den besten handgebüdelten Kaffee der ganzen Insel entdeckt. Last but not least: Draußen mit seinem Hund unterwegs zu sein heißt auch, dass man manchmal Konflikten mit Nicht-Hundebesitzern, mit anderen Hundebesitzern und mit dem Ordnungsamt ausgesetzt ist. Wie reagiert man selbst darauf und vor allem: Wie bleibt man in so einer Situation souverän und ruhig?

„Zu Gast mit Hund auf Sylt“

Vier Routen für Vier- und Zweibeiner

Sylt liegt ja nicht nur geografisch ganz oben. Jedenfalls geografisch in Deutschland. Sylt liegt auch seit Jahrzehnten ganz oben in der Statistik der beliebtesten deutschen Reiseziele. Verständlich, wenn man sich die Zeit und die Ruhe nimmt, diese unglaublich vielfältige Insel abseits der touristischen Trubel-Pfade zu erkunden. Ein Bummel am späten Nachmittag durch den alten Lister Hafen, zum Sonnenaufgang an die Hörnum Odde oder mit einem gut gefüllten Picknickkorb die Sterne auf der Uwedüne beobachten. Klar – das sind alles sicher keine Geheimtipps mehr. Aber die vier Routen, die Sie im beiliegenden Faltplan hinten im Buch farblich markiert finden, bilden einen Inselquerschnitt mit interessanten Touren für Hund und Halter.

Wie Sie sehen, sehen Sie nichts: Absolute Stille am Nössedamm.

TOUR 1: Morsum (Route grün)

Start: Morsum, Parkplatz am Morsum-Haus
Dauer: Tagestour à Lunchpaket fürs Picknick nicht vergessen!
Tour: Morsum Kliff, Nössedamm, Badestelle Morsum mit Odde, Katrevel

Essen & Trinken: Café & Bäckerei Ingwersen: Hier gibt es das legendäre kaltwarme Abendbrot; die Fränkische Weinstube: eine Sylter Institution in einem der ältesten Häuser der Insel; das Frühstück im Hotel Hofgalerie: Milch von Morsumer Kühen, Käse aus Morsumer Milch und ein Holundergelee, das seinesgleichen sucht. Während Hotelhund Paul mit seinen Artgenossen im Hotel keine Probleme hat, ist das Speisezimmer während des Frühstücks (auch Nichthotelgäste sind gerne gesehen) für Hunde tabu.

Zur Not schmeckt auch mal ein Schluck Wasser aus der Schaftränke.

Hundefreundliche Übernachtung: Wenn eine Übernachtungsmöglichkeit in Morsum gesucht wird, dann empfehlen wir das Hotel Hofgalerie. Dort sind Hunde in den meisten Suiten willkommen. Das Hotel stellt für neun Euro pro Tag eine Hundedecke und zwei dekorative Näpfe bereit, die am Anreisetag gut gefüllt mit knackigen Hundeleckerlis sind. Für die Zweibeiner hält das Haus einen geschmackvoll eingerichteten Spa-Bereich mit Sauna, Dampfbad und Lichtkabine bereit. Nicht zu vergessen der große Indoorpool. Vom kuscheligen Muschelsessel bietet sich beim Frühstück (8:30 Uhr bis 11:30 Uhr) ein zauberhafter Blick über die Gartenterrasse mit altem Baumbestand über die Morsumer Wiesen und Felder bis zum Horizont. Abends lädt der ausladende Kamin zu einem Schlummertrunk ein. Gerne auch mit eigenem Rotwein im aus der Suite entführten Weinglas. Wir hatten trotz des Fünfsterne-Komforts durch die sehr aufmerksame aber nicht gekünstelt freundliche Hotelbelegschaft eher das Gefühl, bei guten Freunden zu Gast zu sein, als in einem Hotel zu wohnen.

Wieso dorthin? Morsum ist quasi das Ende der Insel. Oder der Anfang. Das ist der Grund, warum hier kein Durchgangsverkehr herrscht und die Touristenströme den Weg an den Ostzipfel der Insel eher selten finden. Ausgangspunkt unserer Tagestour ist der Parkplatz am Morsum Haus in der Ortsmitte. Von da aus zum Morsum Kliff. Das knapp zwei Kilometer lange und bis zu 21 Meter hohe Kliff bietet eine geologische Besonderheit: Die hier aufgeschlossenen Formationen wurden unter Einwirkung der Gletscher vor mehreren Hunderttausend Jahren aus ihrer natürlichen Lage so aufgestaucht und schräg gestellt, dass sie heute in der Reihenfolge ihrer Entstehung nebeneinander (und nicht wie sonst übereinander) im Kliff zu sehen sind. Den Rundgang hier am frühen Morgen starten, wenn die Sonne aus dem Wattenmeer aufsteigt.

Dann via „Nösistich“ (ja, so heißt die kleine Straße) den Hindenburgdamm überqueren und immer geradeaus, zur anderen Wattseite und kilometerlang den Deich entlang. Achtung: Freilaufende Schafe (nicht immer, aber halt manchmal). In den Sommermonaten trifft man dort auf „Peter vom Deich“. Der Vogelwart wohnt in einem Bauwagen und gibt gerne Auskunft zur heimischen Vogelwelt. Jetzt geht es entspannt weiter, den sehr großzügigen und weitläufigen Deich entlang bis zur Morsum Odde. Das ist ein klitzekleiner Sandstrand. Und

Regeln gibt es auf Sylt nicht nur für Hunde.

von dort aus sieht man schon das halbe Dutzend Strandkörbe der Morsumer Badestelle. Eingezäunt, damit es sich die grasenden Schafe nicht in den Strandkörben bequem machen. Selten, dass sich ein Tourist hierher verirrt.

Wir haben die Sonne in den Strandkörben beim Warten auf die Flut einen halben Tag genossen, ohne einen weiteren Feriengast zu sehen. Bei Hochwasser eine ruhige Badestelle, die man auch mit dem Auto erreichen kann. Danach durch die Feldmarsch wieder zurück – in Ingwersens Café und Backstube wartet ein kräftiges Abendbrot.

Mehr Infos

www.morsum.de
www.hotelhofgalerie.de
www.ingwersen-sylt.de
www.fraenkische-weinstuben-morsum.de

TOUR 2: Hörnumer Odde (Route gelb)

Start: Am Hörnumer Hafen (weil es dort frische Fischbrötchen gibt)
Dauer: 4 Stunden
Tour: Leuchtturm, Weiße Düne, Hörnum Odde, Hundestrand an der Westseite, Bummel durch den Ort.

Klar Kimming: Hörnumer Odde mit Blick nach Amrum.

Essen & Trinken: Für den kleinen Hunger und weil es sich mit leerem Bauch schlecht wandert: Fisch Matthiesen im Hörnumer Hafen bietet solide Gerichte zu sehr reellen Preisen an. Außerdem kann der Hund von der Terrasse Seehund Willi beobachten. Wenn er sich denn blicken lässt. Die Filiale von Matthiesen in der Rantumer Straße können wir übrigens nicht empfehlen: Kaugummikauende und eher mittelfreundliche Mitarbeiter sind nicht unbedingt Appetitanreger. Für ein ausgiebiges Frühstück (in der Saison ab 8.30 Uhr) oder ein herzhaftes Abendessen mit einer guten Buddel Wein nach der großen Hunderunde (bis 24 Uhr) lohnt sich ein Stopp in der „Genusswirtschaft Dock 2" im Hotel Hapag54°Nord. In dem mit Teilen eines ausrangierten 40-Fuß-Hapag-Lloyd-Überseecontainers eingerichteten Restaurant sitzt es sich unglaublich gemütlich und maritim, ohne dass die Atmosphäre auch nur annähernd kitschig wirkt. Bei schönem Wetter zwischen Strandhafer in kuscheligen Loungemöbeln auf der Terrasse oder im großen Wintergarten: Beides mit Blick in Richtung Strand.

Hundefreundliche Übernachtung: Ein echtes Highlight ist das mitten im Ort liegende Hotel „Hapag 54°Nord". Das 2013 restaurierte Hotel wurde ursprünglich 1914 von der Hapag-Reederei erbaut und liefert die Grundlage für die Namensgebung des Hotels. Schon beim Blick durch die Lobby des Hauses, haben wir die Kreuzfahrtromantik vergangener Zeiten gespürt, ohne dass das Ambiente angestaubt oder nachgemacht wirkt. In einigen der geschmackvoll eingerichteten Zimmer schaut nachts sogar regelmäßig der Leuchtturmwärter vorbei: Alle neun Sekunden mit zwei Blitzen.

Wieso dorthin? Am Hörnumer Hafen haben Hund und Halter die Möglichkeit, einen Blick auf Willi, die Hafenkegelrobbe zu werfen. Die lässt sich regelmäßig im Hafenbecken blicken und freut sich über den einen oder anderen zugeworfenen Hering. Dann geht es weiter an der Kaimauer entlang in Richtung Odde, dem Ende der Insel. Über die „Weiße Düne" hinweg mit Blick auf die Nordspitze der Nachbarinsel Amrum erreicht man den Strandabschnitt 82. Von hier immer an der Wasserkante entlang in Richtung Norden beginnt nach knapp 1,5 Kilometern der Hundestrand.

Jetzt heißt es laufen, laufen, laufen, so lange die Beine tragen und solange der Hund Lust hat.

Je nach dem, aus welcher Richtung der Wind kommt, dauert das zwischen anderthalb bis zu guten zwei Stunden. Hinter der Schutzstation Wattenmeer geht es dann rechts durch die Dünen zurück in den kleinen Ort. Dort wartet das Auto wieder am Hafen – oder gute Küche im „Dock 2".

Mehr Infos

www.hapag54gradnord.de
www.dock2-sylt.de
www.fisch-matthiesen-sylt.de

Samson und Hannelore Traxel erkunden die Lister Hafenstraße.

TOUR 3: List & Ellenbogen (Route rot)

Start: Mauthäuschen Privatstraße
Dauer: 5-6 Stunden
Tour: Ellenbogen, Alter Hafen, Hundestrand an der Inselwestseite.

Essen & Trinken: Na gut, wenn man schon in List unterwegs ist, dann gehört sicherlich ein Besuch in Deutschlands berühmtester Fischbude mit dazu: Gosch. Den gibt's in List gleich sechsmal und wenn man auf Reisebusladungen voller Touristen steht, die einen beim Fischbrötchen-Essen bestaunen, dann sind die beiden Gosch-Geschäfte in der „Alten Bootshalle" und der „Alten Tonnenhalle" mit Sicherheit das Richtige. Wer seinen Fisch lieber in Ruhe und stressfrei mit seinem Hund genießen möchte, dem empfehlen wir Gosch im Lister Fischhaus in der Hafenstraße. Bei schönem Wetter auf der Terrasse oder in einem der riesigen Standkörbe sitzen und schlemmen; der Hund bequem unter dem Tisch geparkt und das alles, ohne allzu viel Trubel ringsum. Und für „danach" ist ein Besuch in der „Sylter Eismanufaktur" ein absolutes Muss. Da darf sogar der Hund mit rein. Die Milch für das Eis kommt von glücklichen Sylter Kühen und irgendwie haben wir das auch rausgeschmeckt: Selten so ein hochwertiges Eis in der Waffel gegessen. Gibt's natürlich auch im Becher.

Hundefreundliche Übernachtung: Wer mit Hund in List

Und jetzt eine Kugel Eis aus der Eismanufaktur. Das wär was für Otto.

übernachten möchte, dem sei das „Hotel STRAND“ ans Herz gelegt. Das ist Deutschlands nördlichstes Hotel. Wenn man in den Zimmern auf dem Sofa liegt und übers Meer schaut oder die Brandung vom Bett aus betrachtet und der Hund durch die großen Panoramafenster den Flug der Möwen verfolgt, dann ist das Urlaubsstimmung pur. Wo sonst hat man die Nordsee quasi direkt im Zimmer. Das Hotel hat einen direkten Strandzugang und der ist dann auch noch ein Hundestrand. Perfekt!

Wieso dorthin? Weil in List und ganz besonders noch etwas weiter nördlich, auf dem Ellenbogen, alles traumhaft ist: traumhafte Ruhe am Strand; traumhafte Aussicht: bei gutem Wetter bis nach Dänemark, bei rauer See bis in die dahinrasenden Wolkenberge, die jede Sekunde ein neues Bild entstehen lassen; ein traumhaftes, sich hinter jeder Kurve neu aufbauendes Panorama auf der holperigen, mautpflichtigen Straße zum Ellenbogen (5 Euro pro Pkw und Tag); traumhaft wenig andere Feriengäste, die den Weg hierher finden. Und traumhaft wenig Hunde an der Ellenbogenspitze.

Denn wenn wir ehrlich sind, haben wir doch alle den Wunsch, einmal im Leben ganz für uns alleine mit unserem Hund am Strand spazieren zu gehen. Am Besten auf dem letzten Parkplatz der Straße, hinter dem Vogelschutzgebiet „Uthörn" parken, dann über die Dünen und links herum, um den Ellenbogen. Hier laufen das offene Meer und das Schleswig-Holsteinische Wattenmeer zusammen. Wer dann seinem Hund noch etwas richtig Gutes tun und ihn ohne Leine durch die ganz ordentliche Brandung an der Westseite der Insel laufen lassen möchte, der fährt die Privatstraße wieder zurück, biegt an der Kreuzung hinter dem Mauthäuschen rechts ab bis zum Hinweis „Weststrandhalle". Dort, am Strandübergang 17 ist der Lister Hundestrand. Da ist etwas mehr los, als oben am Ellenbogen. Im Ort List lädt die Hafenstraße zum Bummeln ein, am Hafen kann man wunderbar die Zeit vergessen und dem geschäftigen Treiben am Fähranleger zuschauen. Hunde müssen im gesamten Ortsgebiet an der Leine geführt werden.

Mehr Infos

www.list.de
www.sylter-eismanufaktur.de
www.gosch.de
www.hotel-strand-sylt.de

TOUR 4: Rantum, die Taille der Insel (Route blau)

Start: Hundekiosk am Parkplatz „Baakdeel"
Dauer: 5-6 Stunden
Tour: Baakdeel, Hundestrand an der Inselwestseite, Rantum-Becken-Damm, Wattenmeer, Hundestrand.

Unbedingt ansteuern: Kiosk Baakdeel kurz vor Rantum.

Essen & Trinken: Den besten handgebüdelten Kaffee der Insel gibt es bei Helga Winter am Strandkiosk „Baakdeel", kurz vor Rantum. Und für strandhungrige Vierbeiner hält sie immer einen selbstgebackenen Leberwurstkeks parat. Für den kleinen Hunger der Zweibeiner gibt es am Strandübergang nördlich vom „Baakdeel" die „Zauberbude" am „Dikjen-Deel". Man munkelt, hier gäbe es die besten Pommes Frites der Insel. Hier trifft „man" sich, genießt ein bisschen das rustikale „Sehen und Gesehen werden". Auf jeden Fall eine

Irgendwo hinter Rantum. Aber viel zu überlaufen...

Alternative für Hundehalter, die ein bisschen mehr als gute Geschichten und köstlichen Kaffee mit Strandzugang wollen. Im Restaurant Coast, mitten in Rantum an der Hauptstraße gelegen, kochen Tobias Evers und seine Crew kreative Küche von Land und Meer. Spitzenniveau mit ausschließlich regionalen Produkten. Und das Beste daran: Außer am Silvesterabend sind Hunde im Coast jederzeit ausdrücklich herzlich willkommen. Ob zum Frühstück von 9 bis 17 Uhr, zum Mittagstisch zwischen 12 und 17 Uhr, zur Kaffeezeit ab 14 Uhr oder abends ab 18 Uhr.

Hundefreundlich Wohnen: Für den, der es rustikal mag und mit eigenem Zelt, Wohnwagen oder Campingmobil anreist, empfehlen wir den Rantumer Campingplatz. Unverbaubarer Blick, Natur pur und eine Hundedusche mit Fußbodenheizung. Wer lieber ein festes Dach über dem Kopf hat, ist in den hundefreundlichen Ferienwohnungen im Landhaus Belvedere gut aufgehoben. Hunde zahlen nach Voranmeldung sechs Euro pro Tag.

Wieso dorthin? In Rantum, der Inseltaille, hat man von allem etwas: Watt, Wald, Dünen, Heide, unberührte Natur, und leckere Leberwurstkekse für die Hunde am Übergang zum Hundestrand am „Baakdeel". Von dort aus geht es über die Dünen ans Meer und dann in Richtung Norden (also nach rechts) den Hundestrand hin-

Ursprünglich ein Flughafen für Wasserflugzeuge: Das Rantumbecken.

auf bis zum „Dikjen Deel“ (Freilaufstrand für die Hunde). Dort über die Dünen und dann die Straße überqueren, zur Wattseite der Insel. Hier begegnet man bei seiner Wanderung über den fünf Kilometer langen Rantum-Becken-Damm nur sehr wenigen Menschen. Der Damm umschließt das 568 Hektar große

Die Fischbrötchen-Alternative: Currywurst, Pommes Frites und Milchreis bei Wonnemeyer in Wenningstedt

Wattgebiet, das in den dreißiger Jahren künstlich angelegt wurde und ursprünglich als Flughafen für Wasserflugzeuge geplant war.

Am südlichen Ende der Deichtour links halten, durch den Rantumer Hafen und weiter in Richtung Süden den Fußweg (für Radfahrer nicht erlaubt) am Wattenmeer entlang. In der Rantumer Ortsmitte lohnt es sich, das sehr hundefreundliche Restaurant Coast anzusteuern. Gut gestärkt ist es von dort ein Katzensprung für Hund und Halter über die Dünen wieder zurück ans Meer. Hier kann der Hund noch einmal knapp zwei Kilometer lang richtig am Strand langtoben, bis es im Strandabschnitt 59 wieder links über die Dünen zum Parkplatz „Baakdeel“ geht.

Mehr Infos

www.rantum.de
www.restaurant-coast.de
www.camping-rantum.de
www.sylter-ferienkontor.de

Und wo kann ich mich sonst noch mit Hund auf Sylt blicken lassen?

Sturmhaube, Kampen:
www.sturmhaube.de
Kupferkanne, Kampen:
www.kupferkanne-sylt.de
Vogelkoje, Kampen:
www.vogelkoje.de
Pius, Keitum:
www.pius-weine.de
Amici, Keitum:
www.amici-sylt.de
Wonnemeyer, Wenningstedt:
www.wonnemeyer.de

„Hundedusche mit Fußbodenheizung“

Ein Besuch auf dem Campingplatz in Rantum

Jaja... Wir sind mehr als einmal dem Vorurteil begegnet, „Sylt sei ja nur eine Insel für die Wochenend-Haute-Volée der besseren Hamburger oder Düsseldorfer Stadteile“. Immerhin gibt es ganzjährige Flugverbindungen (nicht nur) von diesen beiden Städten auf die Insel. Dann kann man allerdings seinen Ferrari leider nicht mit auf die Insel nehmen. Zwei davon haben wir während unserer Recherche vor Ort entdeckt und vor allem gehört. Keiner von beiden übrigens mit Düsseldorfer Kennzeichen. Rot waren sie auch nicht. Auf dem Rantumer Campingplatz gibt es hingegen Autos, die wesentlich mehr kosten, als so ein flotter Flitzer aus Italien. Full-Size-Wohnmobile und richtig cool gestylte Wohnwagen, die aussehen, als käme einem gleich Captain Kirk entgegen.

Paul Gerhardts und Anton kommen seit Jahren zum Campen nach Rantum

„Das Ding dahinten“, sagt Campingplatzleiter Maik Ossenbrink und zeigt mit ausgestrecktem Finger in Richtung „dahinten“, „das startet so ungefähr bei 150.000 Euro. Grundausstattung! Dann bist Du aber noch keinen Meter damit gefahren und hast noch nicht mal den Grill angeworfen.“ Will heißen: Camping ist heutzutage mehr, als Zelt und Minikocher. Das können wir nach einem sonnigen Nachmittag auf dem Rantumer Platz gerne bestätigen. Camping ist etwas für angenehme, gesellige und tatsächlich größtenteils auch hundeliebenden Menschen.

Wie für Paul Gerhardts mit seinem Beagle Anton. Frau Gerhardts ist natürlich auch mit dabei, aber sie möchte nix sagen und deckt lieber den Tisch fürs Abendessen mit Meerblick und nachbarschaftlicher Gesell-

Betreten erlaubt: Die Hundedusche!

Alles für den Hund: Fenster zum Strand und Fußbodenheizung.

schaft aus dem Wohnwagen nebenan. „Wir kommen seit 1996 hierher, in manchen Jahren sogar zweimal pro Jahr. Und wir sind immer wieder begeistert von dieser unglaublich schön gelegenen und gepflegten, hundefreundlichen Anlage", schwärmt der Niedersache aus der Nähe von Hildesheim. Hundefreundlich ist der Campingplatz tatsächlich: Denn hier gibt es nicht nur eine der seltenen Hundeduschen. Nein, die Hundedusche auf diesem Platz hat sogar ein Tageslichtfenster und Fußbodenheizung! „Sie möchten doch auch nicht auf kalten Füßen stehen, oder?", fragt einer der umstehenden Hundehalter. Wahrlich wohl nicht. Auf einen Test der Hundedusche musste das FRED & OTTO Team übrigens verzichten. Keiner der anwesenden Hunde kam gerade nass und sandig vom Strand und das Fotomodell Albert hat die Dusche so schnell wieder verlassen, dass die Zeit fast noch nicht einmal fürs Beweisfoto gereicht hätte. „Wir bieten diesen Service sogar kostenlos für unsere Gäste an", sagt Maik Ossenbrink. Jeder Gast bekommt bei der Anmeldung einen Chip, mit dem er dann die sanitären Einrichtungen benutzen kann. Da gibt es natürlich die gute alte Gemeinschaftsdusche, aber auch ganz komfortable private Badezimmer. Novum: Duschen wird hier nicht nach Minuten bezahlt, sondern nach penibel gemessenem Wasserverbrauch.

„Aber nur für die Zweibeiner", wissen die grillenden Hildesheimer Hundehalter zu berichten. Mittlerweile ist der Tisch fertig gedeckt, die Getränke sind eingeschenkt. „Wer sich mit Hund anmeldet, der darf die Hundedusche kostenlos benutzen. Da ist der Chip dann so programmiert, dass man da reinkommt." Das ist ein Service, von dem sich manch ein Hotel auf der Insel mit seinen 49 Euro Tagespauschale für den Hund gerne mal eine Scheibe abschneiden könnte.

Campingplatz Rantum

Maik Ossenbrink
Hörnumer Straße 3
25980 Sylt/OT Rantum
Tel.: 04651-8892008
Mail: info@camping-rantum.de
Web: www.camping-rantum.de

„Kekse, Kaffee, flotte Sprüche“

Bei Helga Winter am Hundestrand „Baakdeel“ gibt’s den besten Kaffee der Insel

Auf die Frage nach dem besten Hundestrand der Insel hat natürlich jeder Feriengast seine eigene Antwort. Da gibt’s Hundebesitzer, die gerne „Leute gucken“ wollen und den Trubel suchen. Bitteschön: Zwischen Rantum und Hörnum finden Sie die Sansibar. Dann gibt’s Hundebesitzer, die Ruhe haben wollen, möglichst ohne dabei einer Menschenseele und anderen Hunden zu begegnen. Diese sind am Strand des Lister Ellenbogen sehr gut aufgehoben. Am besten dort, wo die offene See und das Wattenmeer aufeinander treffen. Die perfekte Mischung aus Ruhe, guter Erreichbarkeit, einem fast menschenleeren, aber nicht ausgestorbenen Hundestrand und der Möglichkeit, den leckersten handgebüdelten Kaffee der ganzen Insel zu trinken, haben wir am Hundestrand „Baakdeel“ gefunden.

Handgebüdelter Kaffee und selbstgebackene Hundekekse: Nur hier am Baakdeel!

Wer auf der Hauptstraße in Richtung Hörnum unterwegs ist, sollte kurz vor Rantum die Augen offen halten. Rechter Hand liegt, ganz unspektakulär in den Dünen und von der Straße nicht einsehbar, der kleine Kiosk von Helga Winter. Wenn Sie übrigens links die „Tiroler Stuben“ und den Rantumer Campingplatz sehen, sind Sie schon zu weit gefahren. Dann bitte umdrehen und gut 800 Meter zurückfahren. Die „Hamburgerin mit Leib und Seele“, denn Helga Winter legt großen Wert darauf, dass sie Hamburgerin ist, wohnt seit 1972 auf der Insel. Im zehnten Jahr betreibt sie hier diesen Kiosk, eine Institution für Hunde und Halter. Und irgendwie auch ein Geheimtipp. Am Ende des pro Tag 2,00 Euro kostenden Parkplatzes, genau da, wo der sandige Weg durch die Dünen zum Hundestrand beginnt, finden wir das Reich von Helga Winter. Gemütlich und ohne jeden Schnickschnack. Ein bisschen so, wie man das aus norddeutschen Bierwerbungen im Kino kennt. Eine einladende Holzhütte mit rustikalen Bänken davor. Salzige Luft, die vom Meer über den Dünenkamm herüberweht. Und

Immer gut gelaunt und nie um einen flotten Spruch verlegen: Helga Winter.

überall feiner Nordseesand. Auf den Bänken vor der Hütte sitzen ein paar entspannte Menschen, der eine oder andere Hund liegt in der Sonne. Die relaxte Stimmung färbt auch auf die Vierbeiner ab: Kein Bellen und Knurren, kein Ziehen und Zerren. An der kleinen Pforte hängt eine Rolle mit Hundebeuteln. Während Helga Winter von den Strandbesuchern auf dem Weg ans Wasser die Parkplatzgebühr kassiert und aus einer Tasche ein Hundekeks hervorzaubert, ermuntert sie die Hundebesitzer freundlich, sich an der Rolle mit den Hundebeuteln zu bedienen. Irgendwie ahnen die Vierbeiner, die hier in Richtung Hundestrand vorbeilaufen, instinktiv, dass es sich bei den Leckerlis, die Helga Winter aus ihrer Tasche zaubert, um die wohl allerbesten selbstgebackenen Leberwurst-Hundekekse der ganzen Insel handelt. Für Strandliebhaber in Hundeform, für Surfer in Form eines Segels. Das ist den Hunden natürlich egal: Hauptsache der Keks schmeckt. Auf dem Weg vom Strand zurück zum Parkplatz lotsen die vorbeikommenden Vierbeiner ihre Halterinnen und Halter dann zielstrebig wieder zu der kleinen Pforte, an der sie ja vorhin diesen wunderbar leberwurstigen Keks probieren konnten.

Ein Herz für Hunde und Halter

Wie gut, dass Helga Winter nicht nur ein Herz für Hunde hat. Für die Hundehalter gibt's frisch aufgebrühten Kaffee oder ein kühles Bier aus der Flasche oder ein sehr gutes Glas Wein. Alles übrigens zu ganz moderaten Preisen. „Für meinen handgebüdelten Kaffee kommen die Leute von der ganzen Insel her", verrät die rüstige rothaarige Dame, während sie Albert noch einen Keks spendiert und dem FRED & OTTO Team ein Bier über den Tresen ihres Kioskes reicht. „Hunde sind hier immer willkommen. Nur schlecht erzogene Köter, die brauchen hier nicht reinzuschauen. Das ist wie mit Kindern und Bälgern", sagt sie kopfschüttelnd über die manchmal nicht vorhandene Erziehung mancher Hunde (und Kinder). Helga Winter kann Geschichten erzählen, die jeden Seemann zur Ehre reichen würden. Ihren Döntjes könnte man stundenlang mit halbgeschlossenen Augen in die Sonne blinzelnd weiter zuhören. Leider musste das Aufnahmegerät ausgeschaltet bleiben und Stillschweigen über das Gehörte vereinbart werden. Aber sie hat Recht: Soll doch jeder selbst hierher kommen, wenn er Geschichten hören möchte, die uns jetzt und hier sowieso keiner glauben würde.

Eine dürfen wir verraten. Zum Beispiel die Geschichte, der Dame mit den sehr hochhackigen Schuhen und dem sehr farbenfrohen Make-up. Auf der Suche nach der Sansibar war sie wohl etwas zu früh abgebogen und auf dem Parkplatz „Baakdeel" gelandet. „Wo es denn hier zur Sansibar ginge?", wollte die nicht mehr ganz so junge Dame wissen. „Was ich der Frau gesagt habe, wollen Sie wissen? Das kann ich Ihnen wohl sagen. Darunter", sagt sie und zeigt in Richtung Meer, „über die Dünen, links abbiegen und dann einfach immer geradeaus." Sachlich richtig. Nur, dass zwischen dem Übergang am „Baakdeel" und der Sansibar noch dreizehn Kilometer Fußmarsch am Wasser entlang liegen, das hat Helga Winter irgendwie vergessen, der Frau und ihrem Begleiter mit auf den Weg zu geben. Und dabei hätten sie hier so schön und entspannt sitzen, den besten Kaffee der Insel trinken und den besten Geschichten der Insel lauschen können. Aber so ist das halt im Leben. Es kann ja nicht immer alles perfekt sein. Nur manchmal, ist dieser perfekte Moment zum Greifen nah. Wie bei Helga Winter in der Sonne am „Baakdeel".

Kiosk Baakdeel

Helga Winter
Rantumer Straße 2
25980 Sylt/OT Westerland
Tel.: 0171-7849320
Mail: winterbaakdeel@hotmail.de

„Hundstage im November"

Eine Gemeinde ist auf den Hund gekommen

Was für eine schöne Idee! Nachdem Hunde im Allgemeinen und im Sommer auf Sylt und die Bindung zu Ihnen ja eine eher emotionale Angelegenheit ist, hat sich der Tourismus-Service Wenningstedt-Braderup gedacht, man könne doch mal den Hundebesitzern der Insel und den ganzen Feriengästen mit Hund etwas Besonderes bieten. Und so ganz nebenbei die Saison in den November verlängern, der ja wettertechnisch gesehen auf einer Nordseeinsel gerne auch mal eine echte Herausforderung darstellen kann. Von wegen, nur falsche Kleidung und so...

Deshalb finden vom 3. bis 8. November 2013 die „1. Hundstage in Wenningstedt-Braderup" statt. Und das Tolle an dieser Veranstaltungsreihe ist, dass sich da wirklich alles rund um den Hund dreht. Vom Erste-Hilfe-Kurs für Hundehalter, ein Probetraining im Gebrauchshundesportverein, über einen Informationsabend zum Hundeführerschein und den Foto-Workshop „Hunde in Bewegung" bis hin zum Longieren am Strand und einer speziellen Hunde-Wattwanderung finden an diesen sechs Tagen 16 Veranstaltungen nur für Hunde und Halter statt. Ein schönes Beispiel, wie Hundepolitik gestaltet und Bürger und Feriengäste mit eingebunden werden können. Initiator der Hundstage ist der Leiter des

Tourismus-Service Wenningstedt-Braderup Henning Sieverts.

Als engagierter Hundehalter ist für ihn eines wichtig: „Wir hier in Wenningstedt-Braderup sehen uns als Familienbad. Und da bei ganz vielen Familien, die ihre Ferien auf Sylt verbringen, ein Hund mit dazugehört, haben wir uns gesagt: Dann wollen wir auch für die vierbeinigen Familienmitglieder etwas bieten.“ Sehr angenehm ist dabei, dass in der „ruhigen Zeit“ zwischen November und Februar der Urlaub mit Hund auf Sylt besonders attraktiv ist. Denn dann darf man mit seinem Vierbeiner an allen Strandabschnitten in Wenningstedt-Braderup ans Wasser. Ausgedehnten Spaziergängen an den langen Stränden der Insel-Westküste steht also nichts mehr im Wege. Wir von FRED & OTTO würden uns natürlich sehr freuen, wenn die Hundstage keine Eintagsfliege werden und noch viele weitere folgen.

Tourismus-Service Wenningstedt-Braderup GmbH & Co. KG

Osetal 5
25996 Wenningstedt-Braderup (Sylt)
Tel.: 04651 447 18
E-Mail: hundstage@wenningstedt.de

„Ein Hund will mitdenken“

Beschäftigungstipps für den täglichen Umgang mit dem Hund

„Sylt ist eine tolle Insel. Ohne Frage. Es gibt aber mit Sicherheit Orte und Gegenden, die noch etwas hundefreundlicher sind“, sagt Stefanie Hausen. Ihrem Border-Husky-Mischling Jamiro gefällt es hier oben im Norden der Republik mit weitem Blick auf den endlosen Horizont in Richtung Westen. Wie zur Bestätigung räkelt er sich im Sand neben dem Strandkorb in der Sonne. „Ich kann mich mit meinem Hund ja immer nur darum bemühen, dass die Menschen die mir beim täglichen Spazierengehen oder natürlich auch bei Ausübung meines Jobs hier am Strand und oben an der Kliffkante entgegenkommen, ein besseres Gefühl für Hunde und die Situationen mit Hund bekommen. Rücksichtnahme gehört für mich an erster Stelle dazu. Wenn ich das Gefühl habe, jemand hat Angst oder ist unsicher, dann halte ich Jamiro eben noch etwas kürzer an der Leine. Und das Entfernen der Hinterlassenschaften sollte für jeden Hundebesitzer eine Selbstverständlichkeit sein“, erzählt die Rangerin der Gemeinden Wenningstedt-Braderup und Kampen. Sylt ist während der Saison, also so ungefähr von Ostern bis Oktober, ein sehr beliebtes und dadurch natürlich ziemlich dicht besiedeltes Fleckchen Norddeutschland. Kein Wunder, bei jährlich knapp sieben Millionen Übernachtungen. Ganz besonders gerne tummeln sich die Feriengäste an den mehr als 40 Kilometer langen Stränden an der Westseite der Insel. Mit vielen Kindern, Familien, älteren Leuten und natürlich auch Menschen, die Hunden gegenüber nicht unbedingt positiv eingestellt sind. „In jeder Welle hängt ein nackter Arsch“, beklagte sich seinerzeit Romy Schneider über den Trubel am Strand – und wurde nach ihrem ersten Syltbesuch dann auch nie wieder auf der Insel gesehen.

Wie schafft man es also in dieser brodelnden Gemengelage nicht nur seinen Mitmenschen, sondern vor allem auch dem eigenen Hund gerecht zu werden? Natürlich sagt jeder Hundebesitzer von sich selbst, dass er nicht zu der Sorte von Gassigehern gehört, die den eigenen Vierbeiner an der bequemen Fünfmeterflexileine nur zweimal pro Tag um den Block hinter sich her zieht. Mindestens zwei Stunden Auslauf, wenn möglich auch ein bisschen Freilauf mit seinen Kumpeln. Und selbstverständlich werden auch alle Tipps aus der Hundeschule berücksichtigt, damit der eigene Hund glücklich und zufrieden ist und die hundelosen Mitmenschen beim Anblick eines Vierbeiners ruhig und gelassen bleiben.

Immer nur Bällchen schmeißen ist langweilig.

Man muss ja nicht immer gleich raus ins Grüne

Stefanie Hausen kennt einige Möglichkeiten, den täglichen Spaziergang zu einem kleinen Erlebnis für den eigenen vierbeinigen Freund zu machen. „Man muss ja nicht immer sofort raus an den Hundestrand oder den Hundeplatz fahren." Selbst an der Leine kann man einen Hund auf Mauervorsprüngen balancieren lassen oder ihm den Slalom um Straßenpoller beibringen. Das geht natürlich nicht auf den auf der Insel sehr beliebten Friesenwällen mit ihren Heckenrosen-Bepflanzungen.

Die Hundetrainerin des GHSV-Sylt weist darauf hin, dass für viele Hunde schon der Grundgehorsam in der Stadt eine enorme Herausforderung ist. „Konzentration und Impulskontrolle: Das hört sich eher theoretisch an, ist aber enorm wichtig, wenn man mit seinem Hund zum Beispiel in Westerland unterwegs ist. Der Platz am Brunnen vor der dicken Wilhelmine ist ideal dafür. Kein direkter fließender Verkehr und in der Mitte der Brunnen, an dem der Hund absitzen muss. Sie entfernen sich dann und rufen Ihren Hund mit einem eingebauten Stopp. Bleibt er sitzen? Kommt er trotz des Kommandos, anhalten zu müssen?" Auch für die täglichen Probleme beim Gassigehen können Hunde durchaus selbst mal eine Lösung finden. Wie man hinter einem Zaun wieder hervorkommt, den der Hund fünf Meter

Entertainment zu Hause: Einfach mal Verstecken spielen.

zuvor an einer anderen Stelle durchquert hat: Das ist eine kognitive Leistung, die so manchen Hund durchaus fordert. „Was ich nicht machen würde, ist dieses unkontrollierte Bällchen werfen. Ganz egal ob auf der Freilauffläche am Westerländer Flughafen, am Strand oder auf der Ostseite am Watt“, ergänzt die Wenningstedter Rangerin.

Immer nur den Ball werfen ist langweilig

Ballspiele machen daher eher Sinn, wenn sie mit dem Kommando verbunden sind, zu warten, bis der Ball oder ein Stock oder auch eine Kastanie gelandet ist. „Verstecken Sie doch den eigenen Ball einfach mal, anstatt ihn zu werfen. Dann warten Sie ein bisschen ab und lassen Sie Ihren Hund mal drauflos suchen. Die werden nämlich gerne gefordert.“ Auch sich selbst zu verstecken, zum Beispiel beim Spaziergang durch den Wald oder den Park, ist ein schönes Spiel. Aus einem verwirrten und zunächst orientierungslosen Spiel kann schnell ein professionelles Finden werden. In der Stadt ist das natürlich schwierig.

Da bietet es sich an, einen Futterdummy dabei zu haben. In den packt man das Frühstück oder Abendessen des Vierbeiners und er muss sich das dann erarbeiten. Zum Beispiel durch Apportieren, Suchen-Finden-und-Bringen. Oder er darf sich als Belohnung für erfolgten Rückruf und andere ausgeführte Befehle aus dem Futterdummy bedienen. „Das Erarbeiten ihres Futters motiviert viele Hunde ganz enorm und macht die Mahlzeit zum Erlebnis“, berichtet Stefanie Hausen.

Kein Futter-Dummy, aber trotzdem spannend: Ein Apfel.

Futterdummies bereiten Freude

Für den Einsatz eines Futterdummies, also zum Beispiel eine hohlen, gelöcherten Ball, in den Leckerlis gefüllt werden, gibt es viele Möglichkeiten und am Ende herrscht beim Hund große Freude. Bei den Hundebesitzern natürlich auch. Wie man mit einem Futterdummy den Spaziergang aufregender macht oder die „Freiverlorensuche" aufbaut, kann man in zahlreichen Büchern nachlesen. Wer einen eigenen Garten hat, kann seinen Hund auch longieren. Das ist eine intensive aber zeitsparende Beschäftigung. Was im Reitsport seit jeher mit Erfolg angewandt wird, entpuppt sich bei genauerer Betrachtung auch bei Hunden als eine perfekte Möglichkeit, die körpersprachliche Kommunikation zwischen Hund und Halter zu verbessern.

Und dann gibt es ja immer noch die Möglichkeit, den Hund am Fahrrad zu fordern. Das funktioniert natürlich nur dann, wenn die Grundkommandos sicher sitzen. Vor allem ein sicheres Stopp aus allen Geschwindigkeiten und ein perfekter Rückruf sollten gelernt sein. „Wenn das klappt", so Stefanie Hausen, „ist das echt cool zu sehen, wie der Hund in seinem typischen Trab neben dem Rad herläuft und sich endlich mal nicht dem langsamen Tempo seines Herrchen anpassen muss." Zum Beispiel auf der alten Inselbahntrasse irgendwo zwischen Hörnum und List. Hoher Zufriedenheitsfaktor bei allen Beteiligten im Anschluss natürlich inklusive. (Holger Wetzel & Tanja Matzku)

„Die Top 3 für zu Hause"

Suchspiele aller Art
Für Anregungen gibt es ausreichend Literatur. Man kann einfache Spiele mit Futter aufbauen, sich mit anderen Gerüchen steigern, Spielzeuge suchen lassen und dem Hund Hütchenspiele beibringen. (Unter welchem Hütchen ist die Wurst).

Tricks kleinschrittig aufbauen
Jede Art von Denksport lastet den Hund aus. Komplizierte Tricks langsam aufzubauen, macht Spaß. Lassen Sie Ihren Hund sein Hundespielzeug selber wieder in die Kiste legen. Dazu muss er allerdings auf Kommando etwas nehmen, tragen, ausgeben und Richtungen verstehen können. Lassen Sie ihn die Tür schließen - wahlweise mit Pfote oder Schnauze oder ein Leckerli auf der Nase balancieren und dann fangen. Es gibt einige Trickbücher, die dabei helfen.

Problemlösungen
Was macht der Hund mit dem rohen Ei? Was macht er mit dem Stückchen Wurst im Wasser? Was macht er, wenn sich ein zu suchender Gegenstand oder sein Futter außerhalb seiner Reichweite befindet? Was macht er, wenn sich das Futter in einem geschlossenen Pappkarton befindet?

Stefanie Hausen

Zertifizierte Hundetrainerin (BVZ)
Tel.: 0172-1635495
Mail: sternie.sylt@gmx.de

„Mobil mit Hund auf Sylt“

Zu Wasser, zu Land und durch die Luft

Wer keinen Maulkorb trägt, fliegt raus. Strenge Regeln in der NOB

Auch wenn die Sylter Lokalpolitik Hunden und Haltern das Leben durch viele Regeln ein bisschen schwer macht: in einem Punkt sind die Insulaner sehr großzügig: bei der Beförderung von Hunden. Denn Hunde dürfen in den Bussen der Sylter Verkehrsgesellschaft (SVG) kostenlos mitfahren. Lustiger weise dürfen Hunde aber nicht alleine ohne Halter fahren. Die SVG hat uns nämlich mitgeteilt, dass Hunde nur „unter Aufsicht einer geeigneten Person befördert werden.“ Fred, Otto und Albert wären ja sowieso nicht ohne Herrchen losgezottelt und im Bus über die Insel gefahren. Eine Einschränkung beim Transport gibt es allerdings. Nur Hunde, die Mitreisende gefährden könnten, müssen einen Maulkorb tragen. Also keine generelle Maulkorbpflicht in den SVG Bussen. Und dass busfahrende Hunde nicht auf die Sitze springen und Syltern und Gästen die Fensterplätze streitig machen, versteht sich ja sowieso von selbst.

Hund und Drahtesel

Auch wenn sich der Insel-Sommer manchmal etwas rar macht: Kommt die Sonne dann doch mal raus, schnappen sich der Hunde liebende Insulaner und hundehaltende Feriengast ihre Räder und fahren zum Beispiel die Trasse der alten Inselbahn, der „rasenden Emma“ ab. 82 Jahre lang währte diese besondere Ära des Schienenverkehrs, die 1888 mit dem Bau der Ostbahn begann und 1970 mit der Schließung der Nord- und der Südbahn ihr

Ende nahm. Heute führt die Trasse gut asphaltiert durch die Dünen und gefühlt hat man natürlich immer Gegenwind. Den Hund am Rad nebenher laufen zu lassen, erfordert dabei sowohl vom Fahrradfahrer als auch vom Hund Übung und Disziplin. Vielleicht ist ein Fahrradkorb bei kleineren Hunden oder ein Fahrrad-Anhänger bei Größeren eine Alternative. Die kann man bei den meisten Sylter Fahrradvermietern leihen. Aber auch hier muss man aufpassen und die Hunde gut sichern. Denn, so die Polizei: Ein Hund darf auf dem Rad oder in einem Anhänger mitgenommen werden, solange er den Verkehr nicht behindert. Außerdem muss eine Selbst- und Fremdgefährdung ausgeschlossen werden.

Im Mietwagen über die Insel: Für Hunde kein Problem.

Taxi und Mietwagen

Auf Sylt gibt es eine große Auswahl an unterschiedlichen Mietwagen-Anbietern. Neben den national bekannten Marken finden sich hier auf der Insel auch lokale Anbieter und Autohäuser, die Mietwagen zur Verfügung stellen. Mit Hund empfiehlt es sich natürlich einen Kombi, Van oder Geländewagen zu buchen. Denn dann kann der Hund bequem und sicher im Kofferraum mitfahren. Und bei der Abgabe des Autos am Ende des Urlaubs gibt es keine Probleme mit Hundehaaren im Fahrgastraum. Bei den Insel-Taxis ist die Situation auf dem Papier entspannt: Jeder Taxler ist natürlich auch auf Sylt verpflichtet, einen Hund mitzunehmen. Selbstverständlich wird dabei davon ausgegangen, dass es sich hier nicht um einen Neufundländer handelt, der gerade pladdernd aus dem Watt gestiefelt kommt oder sich in den Hinterlassenschaften der Lister Schafe gewälzt hat. In der Praxis muss allerdings davon ausgegangen werden, dass plötzlich viele Taxifahrer an einer Hundeallergie leiden oder aus religiösen Gründen keinen Hund im Wagen befördern wollen. Fazit: Wer auf Sylt mit dem Hund ins Taxi steigen möchte, ruft am besten über die unterschiedlichen Servicenummern einen Wagen und sagt bereits bei der Bestellung, dass ein Hund mit dabei ist. Dann wird nämlich ein Kombi oder Van geschickt, bei dem der Hund bequem im Kofferraum mitfahren darf.

Geht am schnellsten und ist für den Hund am bequemsten: Im eigenen Wagen mit dem Sylt-Shuttle über den Hindenburgdamm

Auf zwei Beinen und vier Pfoten

Besonders der gemütliche Keitumer Ortskern, der Strönwai in Kampen (von den Nouveau Riche gerne auch als „Whiskeystraße" bezeichnet) und zur Not auch die eher rustikale Westerländer Friedrichstraße auf Sylt laden zum Flanieren und Bummeln ein. Natürlich müssen Hunde hier – schon aus eigenem Interesse – an der kurzen Leine geführt werden. Und egal, wo Sie mit Ihrem Hund auf der Insel unterwegs sind: Als Hundehalter müssen Sie den Hundekot Ihres Hundes aufsammeln und in einer Plastiktüte entsorgen! Und die Plastiktüte bitte nicht einfach auf dem Bürgersteig oder neben dem Mülleimer liegen lassen, sondern in den zahlreichen Mülltonnen beseitigen. Diese Mülltonnen bieten eine tolle Besonderheit an, denn fast alle sind mit Kotbeutelspendern ausgerüstet. Zur Not tut es natürlich auch jede andere Plastiktüte. Denn wer einen Hundehaufen einfach liegen lässt und dabei von den fleißigen Damen und Herren des Ordnungsamtes erwischt wird, muss mit einem Bußgeld rechnen. Und falls Sie zu den Lesern gehören, die den vorliegenden Inselführer für Hunde bereits vor Ihrem Urlaub und nicht erst auf Sylt gekauft haben, hier noch ein paar ganz generelle Tipps, wie Sie auf die Insel kommen:

Mit der Bahn auf die Insel und wieder zurück

Bei der deutschen Bahn dürfen kleine Hunde kostenlos mitfahren, wenn sie in einem geschlossenen Behältnis oder einer leger geöffneten Reisetasche transportiert werden und nicht mehr Platz als ein Stück Handgepäck benötigen. Hunde, die aufgrund ihrer Größe nicht in einer Transportbox untergebracht werden können, müssen angeleint sein, einen Maulkorb tragen und benötigen ein Kinderticket. Bei der Nord-Ost-See-Bahn zwischen Hamburg und Sylt müssen grundsätzlich alle Hunde einen Maulkorb tragen und ebenfalls den halben Erwachsenen-Preis zahlen. Albert wäre bei unseren Recherchen übrigens fast vom sehr unfreundlichen NOB-Schaffner Herrn Schmidt zwischen Meldorf und Heide aus der Bahn geworfen worden, weil er schlafenderweise keinen Maulkorb angelegt hatte.

Mit dem eigenen Wagen nach Sylt

Der Klassiker, um nach Sylt zu kommen ist nach wie vor das Auto. Das wird in Niebüll auf den Zug, das sogenannte „Sylt-Shuttle" verladen und dann Huckepack mit der Deutschen Bahn über den Hindenburgdamm nach Westerland gefahren. Für einen handelsüblichen PKW mit bis zu sechs Metern Länge wurden bei Redaktionsschluss für Hin- und Rückfahrt inklusive aller Insassen und Hunde 88 Euro fällig. Das „Di-Mi-Do" Ticket ist etwas günstiger. Mehr Infos dazu gibt es unter www.syltshuttle.de

Per Schiff auf die Insel

Natürlich können Sie auch mit der Fähre übersetzen: Dann starten Sie Ihre Überfahrt in Havneby auf der dänischen Insel Rømø. Das sind von Niebüll knapp 70 Kilometer und ca. 75 Minuten mit dem Auto. Infos, Fahrpläne und Preise gibt's unter www.syltfaehre.de.

Nicht so schön für große Hunde, weil sie im Frachtraum mitfliegen müssen: Mit dem Flugzeug nach Sylt.

Durch die Luft nach Sylt

Es gibt von mehreren Flughäfen direkte Linienverbindungen zum Airport in Westerland. Während der Saison fliegen die Airlines regelmäßiger, als in den Wintermonaten. Dabei ist zu beachten, dass Hunde, die mehr als acht Kilogramm wiegen, nur im Gepäckraum mitfliegen dürfen. Und wer ein gut gefülltes Portemonnaie sein Eigen nennt und ganz exklusiv ankommen möchte, der kann die Insel auch im gecharterten Helikopter vom Hamburger Flughafen aus ansteuern. Mehr Infos dazu finden Sie unter www.flughafen-sylt.de

„Eine Verbindung auf Augenhöhe“

Die besten Strategien für den Streitfall mit Hund

So ziemlich jeder Hundebesitzer kennt diesen Satz: „Nehmen Sie Ihren dämlichen Köter da weg!“ So oder in ähnlicher Form gehört er sicherlich noch zu den harmloseren Ausfällen, die uns manchmal an den Kopf geworfen werden. Ob beim Gassigehen am Rantumbecken, beim Joggen am Kampener Kliff oder am Lister Ellenbogen: Wo Hundebesitzer und Nichthundebesitzer aufeinander treffen, können Konflikte entstehen. Um Konflikte zwischen diesen beiden Parteien zu vermeiden, sollten beide Seiten Rücksicht aufeinander nehmen. Hundebesitzer sollten darauf achten, ihren Hund unter Kontrolle zu haben, die Hinterlassenschaften des Hundes nicht liegen zu lassen und dafür Sorge tragen, dass ihr Hund niemanden belästigt. Im Gegenzug sollten Nichthundebesitzer nicht auf der ausgewiesenen Hundewiese picknicken und sich dann über die freilaufenden Hunde aufregen!

Kommt es trotzdem zu einer Auseinandersetzung, empfiehlt die Tierheilpraktikerin und Tierkommunikatorin Katja Kleefeld ein paar ganz einfache Strategien, um wieder „Herr der Lage“ zu werden.

1. Schritt

„ Ganz wichtig ist es, sich ernsthaft bei seinem Gegenüber zu entschuldigen, wenn es dafür einen Grund gibt. Atmen Sie tief durch und versuchen Sie, sich kurz mal in die Lage des sich ärgernden Menschen einzufühlen. Es gibt Menschen, die möchten nicht freudig von Ihrem Hund begrüßt werden. Vielleicht mag der eine oder andere auch einfach keine Hunde. Bitte achten Sie auf eine offene positive Körpersprache, auch wenn Ihnen das jetzt schwer fällt. Schauen Sie Ihrem Gegenüber direkt in die Augen. Nun benutzen Sie freundliche und positive Worte. So hat der verärgerte Nichthundebesitzer auch die Möglichkeit, auf Sie zuzugehen. Es fällt ihm jetzt leichter, Ihre Entschuldigung akzeptieren können

2. Schritt

Sollte es widererwarten nicht zu einer Schlichtung kommen, können Sie Ihrem Konfliktpartner zur verstehen geben, dass Sie in einer ähnlichen Situation genau so reagieren würden. Versuchen Sie, in diesem Punkt auf Augenhöhe zu bleiben und lassen Sie sich nicht runterziehen. Wichtig ist es, freundlich und ruhig zu bleiben, denn so reagiert auch ein gesundes soziales Alphatier. Und das sind Sie für Ihren Hund in dieser Situation. Sie und Ihr kleines Rudel brauchen in so einem Konflikt Sicherheit und die geben Sie in diesem Fall weiter. Nun haben Sie vielleicht auch Ihrer streitbaren Zufallsbekanntschaft schon den Wind aus den Segeln genommen. Ein kleines bisschen Einfühlungsvermögen, ein freundlicher Satz wird in den meisten Fällen als entschärfende Geste Interpretiert.

3. Schritt

Schwierig wird es, wenn Sie an einen Menschen geraten sind, der gar keinen Grund hat, den Konflikt – aus welchen Gründen auch immer – beizulegen. Der Mensch der genau auf sie gewartet hat.

Verabschieden Sie sich mit „einen schönen Tag noch" UND GEHEN SIE. Geben Sie Ihrem Gegenüber die negative Situation gedanklich mit, denn niemand möchte den ganzen Tag auf diesem Thema rumdenken... und jeder kennt die Situation, dass eine negative Begebenheit einem nicht mehr aus dem Kopf geht. Nehmen Sie sich ein Beispiel an Ihrem Hund, der hat das Thema mit Sicherheit schon vergessen, denn Ihr Hund hat uns Eines voraus: Er lebt im Hier und Jetzt.

Sie müssen diesen Streit nicht weiterführen. Warum? Ganz einfach: Weil die Konfliktpartei keinerlei Interesse zeigt, diesen Streit zu beenden. Denn eines ist klar:

„Kommunikation ist keine Einbahnstraße. Da müssen schon beide mitmachen."

Katja Kleefeld kennt den richtigen Ton, um ein aufgebrachtes Gegenüber zu beruhigen

Tierheilpraktikerin & Tierkommunikatorin Katja Kleefeld

Tel.: 04651-8320761
Mobil: 0176-22793534
Mail: katjakleefeld@yahoo.de

„Straßen-Zeitung lesen ist wichtig!“

Stefanie Hausen, zertifizierte Hundetrainerin und Rangerin der Gemeinden Wenningstedt-Braderup und Kampen, zum Thema Gassi-Gehen bei Hunden.

Gibt es Hunde, die gar keinen Auslauf brauchen?

Hunde haben einen natürlichen Bewegungsdrang und müssen diesen auch ausleben. Ein Hund, der sich nicht bewegen möchte ist krank. Entweder körperlich oder mental.

Welche Rassen brauchen am wenigsten Auslauf?

Hier ist weniger die Rasse entscheidend, dafür mehr das Alter und der allgemeine Gesundheitszustand eines jeden Hundes.

Reicht die Bewegung in einem großen Garten?

Kein Garten dieser Welt ersetzt das Gassi-Gehen. Ein Hund muss viel mehr von seiner Umwelt wahrnehmen können, als nur die Welt bis zum Gartenzaun.

Ist freies Laufen ohne Leine wichtig?

Unbedingt! Natürlich setzt das ein gewisses Grundgehorsam und auch eine gute Mensch-Hund-Bindung voraus. Mit einem Artgenossen zu spielen, zu schnüffeln und zu rennen können wir Menschen nicht ersetzen und eine Leine wäre in diesem Fall kontraproduktiv.

Wie oft am Tag muss man „Gassi-Gehen“?

Drei bis vier Mal am Tag sollte der Hund Gelegenheit haben, seine Geschäfte zu erledigen und die „Straßen-Zeitung“ zu lesen. Insgesamt sollte das reine Gassi-Gehen mindestens zwei Stunden am Tag betragen. Zusätzliches Spielen, Grundgehorsamsübungen oder andere Denksportaufgaben sind da aber noch nicht eingerechnet.

Schadet der tägliche Lauf neben dem Fahrrad?

Grundsätzlich nicht, allerdings muss man hier Vieles beachten. Rassespezifische Merkmale sind ein Kriterium, aber auch ein Hund im Wachstum, ein untrainierter und/oder übergewichtiger Hund oder alternder Hund darf nicht so viel rennen, wie ein gesunder, erwachsener Laufhund.

Zum Urlaub auf Sylt gehört das Toben am Hundestrand einfach mit dazu.

Kann man einen Hund auch überanstrengen?

Jeder Hund braucht Ruhephasen und Aktivitätsphasen. Wie sich das zusammensetzt ist ganz individuell. Wenn aber diese beiden Phasen aus dem Gleichgewicht geraten, stellt sich schnell eine Überforderung ein und der Hund entwickelt aus seinem Stress ein Problemverhalten. Rein körperlich ist das noch viel deutlicher: Ein Hund, der voll im Trieb ist, würde eher tot umfallen als aufzuhören. Oder wenn ein Hund uns vollends vertraut, wird er mit uns so lange mitlaufen bis er zusammenbricht – nur, um uns zu gefallen.

Soll auch ein Hund an heißen Tagen kürzer treten?

Die Überhitzung, auch Hitzeschlag genannt, ist für jeden Hund eine Gefahr. An heißen Tagen sollte man dem Hund die Möglichkeit geben, sich abzukühlen und die Aktivitäten auf früh morgens und spät abends legen. Tagsüber lieber kleine Gassirunden, dafür mehrmals. Da ein Hund nicht schwitzen kann, außer bedingt über die Pfoten, muss er „Abhecheln". Ein Kurzschnauzer hat es dabei noch schwerer. Sie können sich am Besten in einen Hund hinein versetzen, wenn Sie mal den Versuch starten und sich im dicken Pelzmantel bei 30 Grad Außentemperatur ins Auto setzen, an den Strand gehen oder versuchen, zu Joggen.

Muss jeder Hund täglich toben?

Ja, überschüssige Energie loswerden, Triebe befriedigen und Spaß haben! Das ist ganz wichtig!

Sollte man die Spaziergang-Route hin und wieder mal ändern?

Natürlich ist alles Neue spannend. Aber wir sehen das zu oft aus Menschensicht! Für uns sieht die Route immer gleich aus, aber für den Hund ganz sicher nicht. Ob der freche Hund vom Nachbarn kurz zuvor seine „Antwort" über die Nachricht des eigenen Hundes gesetzt hat können wir nicht wissen... Unser Hund schon! Außerdem gibt man einem Hund durch Wiederholungen Sicherheit.

Sollte jeder Hund schwimmen?

Sollen und wollen sind zwei unterschiedliche Paar Schuhe. Wenn ein Hund das Wasser meidet, sollte man ihn nicht zum Schwimmen zwingen. Möchte man den Hund dennoch ans Wasser gewöhnen, muss dies sehr behutsam und mit viel Geduld erarbeitet werden.

Wo sollte der Hundebesitzer mit seinem Hund spazieren gehen?

Dort wo sich für den Hund eine Gelegenheit bietet, nach Herzenslust zu schnüffeln und der passende Busch für wichtige Geschäfte steht.

Stefanie Hausen

Zertifizierte Hundetrainerin (BVZ)
Tel.: 0172-1635495
Mail: sternie.sylt@gmx.de

Werbung

„Wenn's mal stinkt und kleckert“

Besuch in der kleinen Wäscherei in Tinnum

Sylt wird ja auf dem Festland gerne immer so als die Insel für die Reichen und Schönen beschrieben. Alles sauber, alles nett und adrett. Dem will man als Feriengast natürlich in nichts nachstehen und tut gerne alles, um seinerseits einigermaßen sauber und adrett aus der Wäsche zu gucken. Gummistiefel sei Dank, kommt man bei geschickter Schuhauswahl für die unterschiedlichen Touren (Strand, Heide, Watt) bei wechselndem Wetter (Regen, Sturzregen, Nieselregen, Schauer) zumindest mit sauberen, wenn schon nicht unbedingt trockenen Hosenbeinen durch die Ferienwoche. Das gelingt dem Vierbeiner eher selten. Was aber soll man tun, wenn nun die Hundedecke oder das mitreisende Körbchen einer Reinigung bedürfen? Zum Beispiel wie in der zweiten Nacht unseres Aufenthaltes, als sich Albert nach zu viel am Strand geschlucktem Salzwasser mehrmals kräftig auf sein Lammfell übergeben musste. In den seltensten Fällen hat man ja ein Ersatzset im Gepäck dabei. Also kurz in unserem hundefreundlichen Morsumer Hotel Hofgalerie nachgefragt, wo es eine Reinigung oder Wäscherei gibt, die uns bei Wäschestücken mit sehr strengem Geruch und unappetitlichem Aussehen nicht gleich wieder vom Hof jagt. Gesucht – gefunden: Die „Kleine Wäscherei“ im Mittelweg in Tinnum, gleich gegenüber von Fisch-Blum, wo wir übrigens die unserer Meinung nach besten Fischbrötchen der Insel mit einem guten Glas Weißwein genossen haben.

Super Service zu anständigen Preisen: Die kleine Wäscherei in Tinnum.

Mit unserer stinkenden Fracht sind wir also mangels Navigationsgerät der Routenplanung unseres Concierges gefolgt (an der Hauptstraße in Richtung Westerland hinter Möbel-Knudsen links rein und dann die erste gleich wieder rechts) und haben, ohne vorher einen Termin zu vereinbaren, Körbchen und Lammfell mit der Bitte abgegeben, sich das Malheur doch einmal anzuschauen. Freundlich, professionell und mit dem guten Gefühl, hier nicht als Feriengast über den Tisch gezogen zu werden, wurde unser Anliegen geprüft und uns mitgeteilt, dass wir noch am selben Nachmittag alles wieder abholen könnten. Und siehe da: Tatsächlich waren keine vier Stunden später Körbchen und Lammfell wieder wohlriechend und kleckerfrei. Ohne, dass das Fell verfilzt und das Innenleben des Körbchens verklumpt war. Die dreißig Euro fanden wir ob des freundlichen und schnellen Services dann auch durchaus angemessen. Und wer keine Lust hat, hin und her zufahren, der kann ja einfach gegenüber zu Fisch-Blum gehen und in rustikaler Atmosphäre, ohne Busladungen voller Touristen, köstlichen Fisch in jeder nur denkbaren Form essen.

Die kleine Wäscherei

Mittelweg 12
25980 Sylt/OT Tinnum
Tel.: 04651-26772
Mail: kleinewaesche@aol.com

„Ich muss mal“

Die Sylter Auslaufgebiete und Hundestrände in der Übersicht

Wer die Wahl hat, hat die Qual. Ob Hund und Halter nun lieber den Wald, die Heide, das Watt oder feinen Sylter Sandstrand für ihre Spaziergänge bevorzugen: die Insel bietet für jeden etwas. Da gibt es Auslauf-Möglichkeiten mit viel Trubel und Flirtfaktor oder die Möglichkeit, etwas abseits der ausgetretenen Pfade ruhige Momente zum Krafttanken oder Ausspannen zu genießen. Wichtig ist natürlich bei der Auswahl der persönlichen Gassi-Route immer der Hund und – nicht weniger wichtig – ein Blick auf den Kalender. Auf Sylt darf man seinen Hund nämlich außerhalb der Saison, also zwischen Anfang November und Mitte März, an jedem Strandabschnitt ohne Leine laufen lassen. Erste Ausnahme: Immer dann, wenn es

Ende Gelände (jedenfalls während der Sommersaison)

die Rücksichtnahme auf andere Menschen am Strand erfordert, wird erwartet, dass der eigene Hund an die Leine genommen wird. Zweite Ausnahme: Westerland. Hier dürfen Hunde ganzjährig nur am ausgewiesenen Hundestrand und grundsätzlich nur angeleint ausgeführt werden. Die Hauptstrände des Ortes bleiben für Vierbeiner also Tabu. Während der Saison können sich Hunde und Halter ohne Leine dafür an 17 ausgewiesenen Hundestränden zwischen Hörnum und List austoben. Darüber hinaus dürfen Hunde an allen Insel-Stränden (also auch den Nicht-Hundeständen) in diesem Zeitraum auch direkt an der Wasserkante ausgeführt werden, mit Ausnahme von Westerland (siehe oben). Allerdings muss der Hund dann angeleint sein.

Wer sich mit seinem Hund außerhalb der ausgewiesenen Freilaufflächen aufhält, muss diesen an der Leine führen, so wie hier in der Braderuper Heide.

Zusätzlich zu den Hundeständen gibt es noch drei Hundefreilaufflächen unterschiedlicher Größe im Inneren der Insel. Das ist in den Sommermonaten vielleicht eine schöne Alternative zu den dann doch gut gefüllten Hundeständen. Die Strandabschnitte für Hunde und Halter sowie die Freilaufflächen sind auf dem herausnehmbaren Faltplan am Ende des Buches farblich markiert.

Hundestrände

List

- Strandabschnitt 17 (Textil-Strand) im südlichen Bereich
- Strandabschnitt 19 (FKK-Strand) im südlichen Bereich
- Lister Ellenbogen

Kampen

- Nord: Abschnitt A im FKK-Bereich (Strandübergang Buhne 16)
- Süd: Abschnitt N (Strandübergang Sturmhaube)

Wenningstedt

- Nord: Übergang Campingplatz
- Süd: Übergang Seestraße

Westerland

- Nord: Strandübergang Nordseeklinik
- Süd: Strandabschnitt Baakdeel (hier gibt's die leckeren Hundekekse von Helga Winter)
- Dikjen Deel

Rantum

- Nord 15 (Campingplatz)
- Süd 5 (Henning-Rinken-Wai)
- Süd 9 Tadjem Deel/FKK Strand
- Samoa/FKK-Strand
- Sansibar/FKK-Strand

Hörnum

- Textilstrand (Übergang Aralsteg)
- FKK Strand (Übergang Restaurant „Kap-Horn")

Freilaufflächen

Wenningstedt

- hinter dem Parkplatz der Nordseeklinik

Westerland

- Lorens-de-Hahn-Straße/Ecke Halemdür (Hauptstraße in Richtung Rantum, am Ortsende von Westerland linker Hand)
- Bahnweg/Ecke Culemeyerstraße (an der Einfahrt zum Westerländer Flughafen)

GOOD BOY!
Die Bekleidung für Hundehalter!
Allwetter-Bekleidung
• Jacken & Westen
• Kurzmäntel
• Sweatjacken
• Hosen & Stiefel
Der original
GOOD BOY!
Ausstattung:
• Leckerlibeutel, am Karabiner zu befestigen
• große Rückentasche für Trainingsdummys
• Einschubtasche für Hundepfeife
• Schulterklappen zum Befestigen der Leine
• extra viele verschließbare Taschen innen & außen
• Taillen-Tunnelzug & abtrennbare Kapuze
• Paspel-Reflektoren & 2-Wegereißverschluss
• wasserdicht, winddicht, atmungsaktiv
ab € 129,95
„3 in 1“ Jacke „MAX“
GOOD BOY!
Die Bekleidung für Hundehalter
Design und Funktion für Sport und Outdoor-Freizeit mit dem Hund: hochfunktional, vielseitig, strapazierfähig, wasser- und winddicht.
GOOD BOY! – multifunktionale Freizeitmode für Hundehalter
Bestellen Sie einfach unseren Katalog unter 04171 - 60 70 94 0 oder www.goodboy.de

„Vierbeiner auf vier Rädern“

Safety First: Für wie viel Sicherheit sorgen Trenngitter, Hundeboxen und Gurte im Auto?

Im Fußraum hat der Hund nichts zu suchen.

Schade an so einem tollen Urlaub auf Sylt ist ja Folgendes: Irgendwann sind die Ferien zu Ende und die Heimreise muss angetreten werden. Dann steht eine längere Bahn- oder Autofahrt auf dem Programm. Der Vierbeiner kommt in den Kofferraum des Wagens und dann geht es zurück. Wir haben uns gefragt: Was kann man eigentlich in puncto Sicherheit tun, wenn es mit dem Auto in die Ferien und wieder zurück geht?

Soviel ist auf jeden Fall sicher. Spezielle gesetzliche Regelungen – beispielsweise eine Anschnallpflicht für Hunde gibt es nicht. „Hunde werden beim Transport von Fahrzeugen als Ladung angesehen“, erklärt der TÜV-Sachverständige Alois Decker. „Und grundsätzlich“, so der Sicherheitsexperte, „ist der Fahrzeugführer für die Sicherung von Ladung und auch Passagieren verantwortlich“. Eine Umfrage des Allianz Zentrum für Technik (AZT) offenbart jedoch, dass 78 Prozent der Hundehalter ihre Hunde ungesichert in Pkw-Limousinen transportieren. Viele sogar unangeschnallt auf dem Beifahrersitz. 60 Prozent der Kombi- Fahrzeuge verfügen immerhin über Sicherheitssysteme wie Trenngitter oder Hundeboxen.

Klar sollte sein, dass Hunde während einer Fahrt weder durch lose Gepäckstücke verletzt, noch im Falle einer Notbremsung durch das Auto oder gar die Windschutzscheibe geschleudert werden dürfen. Dabei muss es gar nicht immer erst zum Äußersten kommen. Ungesicherte Hunde wer-

Bei Stefanie Hausen fahren Jamiro und Max immer in der maßgefertigten Hundebox mit.

den schon bei scharfen Kurven einem hohen Verletzungsrisiko ausgesetzt. Einmal scharf rechts abgebogen und Herrchens Liebling rammt sich unvorbereitet den Kopf am linken Seitenfenster. Und selbst wenn ein Autounfall glimpflich abläuft, droht dennoch Gefahr. Beim Öffnen einer Autotür – oder im Falle einer zertrümmerten Fensterscheibe – muss gewährleistet sein, dass der Hund nicht eigenmächtig auf die Fahrbahn springen kann. Nicht selten verursachen freilaufende Hunde auf der Fahrbahn katastrophale Kettenreaktionen mit unabsehbaren Folgen. Ebenso wichtig: Bei allen Vorsichtsmaßnahmen darf die Sicherheit von Hunden nicht zulasten eines artgerechten Transportes gehen. Genügend Luft zum Atmen und Platz zum Sitzen bzw. Schlafen sollten bei Autofahrten mit Hund eine Selbstverständlichkeit sein.

Es gibt verschiedene Sicherheits- und Schutzsysteme, die die Mitnahme von Hunden bequem und sicher machen. Hier hat man die Qual der Wahl. Man kann sich entscheiden zwischen festinstallierten oder transportablen Boxen, Trenngittern oder Sicherheitsgurten zum Schutz des Vierbeiners. Oder reicht eventuell auch eine einfache Schutzdecke?

Hundebox

Am teuersten in der Anschaffung ist die fest installierte Hundebox im Koffer- bzw. Laderaum des Autos. Für den hohen Preis von bis zu 500 Euro erkauft man sich jedoch für Tier und Mensch die wohl größtmögliche Sicherheit, vorausgesetzt die Befestigung der Box erfolgt fachgerecht. Vertrieben werden die Boxen als Standardmodelle mit unterschiedlichen Höhenabmessungen, aber auch als Sonderanfertigungen. Die Boxen bieten ausreichend Platz für den Hund und sind durch die Metallverarbeitung (Stahl oder Aluminium) besonders stabil. Im Falle eines Unfalls sind die Hunde vor umfallenden Gepäckstücken geschützt, bei Vollbremsungen werden sie nicht durch das Auto geschleudert. Die Stabilität der Boxen wird durch eine zusätzliche Fixierung im Auto gewährleistet. Darüber hinaus wird der direkte Kontakt zwischen Mitfahrern und Hund unterbunden. Der Nachteil der Boxen ist, dass sie sehr viel Platz einnehmen und nicht in allen Autos installieren werden können (lediglich in Kombimodellen und anderen Großraumfahrzeugen wie z. B. Wohnmobilen). Darüber hinaus benötigen Hunde in der Regel eine gewisse Eingewöhnungszeit, bis sie in den Boxen freiwillig Platz nehmen. Die Sylter Rangerin Stefanie Hausen hat sich ihre Hundebox auf der Insel von einem Spezialbetrieb für knapp 650 Euro maßgeschneidert für den Kofferraum ihres Autos anfertigen lassen.

Eine günstigere Alternative für kleinere Hunde ist die transportable Box. Ist sie ordnungsgemäß im Auto fixiert (durch Sicherheitsgurte oder eine Platzierung im Fußraum hinter den Vordersitzen), kann sie einen ebenso effektiven Schutz bieten wie die fest installierte Box. Voraussetzung dafür ist jedoch, dass sie aus besonders stabilem Material wie z. B. Aluminium gefertigt sind. Da die transportablen Boxen auch außerhalb des Autos angewandt werden können, fällt die Gewöhnung der Hunde an die Boxen in der Regel leichter.

Trenngitter und Sicherheitsnetze

Trenngitter und Sicherheitsnetze können sowohl in Kombis als auch in Schräghecklimousinen zwischen Lade- bzw. Kofferraum und Rücksitzen angebracht werden. Die Gitter bzw. Netze sollten vom Dachbereich bis zum Boden reichen. Das A und O von Trenngittern und Sicherheitsnetzen ist eine stabile Fixierung. Der Vorteil von Trenngittern und Sicherheitsnetzen ist, dass eine Trennung zwischen Mitfahrern und Hund gewährleistet ist. Bei großen Kofferräumen kann jedoch der Abstand zwischen Hund und Gitter zu groß sein, so dass dennoch eine Verletzungsgefahr für den Hund besteht. Befinden sich im Koffer- bzw. Laderaum zusätzliche Gepäckstücke, stellen diese eine zusätzliche Gefahrenquelle dar. Die Kosten für Trenngitter und Sicherheitsnetze liegen zwischen 150 und 350 Euro.

Hunde-Sicherheitsgurte

Hunde-Sicherheitsgurte nehmen wenig Platz ein und können schnell um den Hund geschnallt werden. Die Gurte haben den gleichen Schutzeffekt wie bei Menschen. Bei korrekter Anwendung besteht im Falle eines Unfalls keine Gefahr, dass die Hunde durch das Auto geschleudert werden. Ein Hunde-Sicherheitsgurt erfüllt jedoch nur dann seine Schutzwirkung, wenn es sich um breite und gepolsterte Gurte handelt. Diese reduzieren im Falle eines Unfalls einerseits den Druck auf den Brustkorb. Auf der anderen Seite reißen sie bei extremen Belastungen nicht so schnell wie schmale Gurte. Außerdem muss darauf geachtet werden, dass der Bewegungsfreiraum für den Hund möglichst gering gehalten wird. Im Falle einer Kollision besteht einerseits nicht die Gefahr, dass der Hund trotz Gurt nach vorne geschleudert wird. Anderseits wird verhindert, dass andere Mitfahrer durch den Hund getroffen werden. Die Verschlüsse der Sicherheitsgurte sollten nicht aus Kunststoff, sondern aus Metall sein. Ebenso wichtig ist, dass die Gurte beidseitig fixiert werden.

Keinen Kombi für den Hund: Dann geht's zur Not auch angeschnallt auf dem Rücksitz im Hundekörbchen.

Schutz- bzw. Schondecken

Schutz- und Schondecken dienen ausschließlich dem Schutz des Autos. Um die Sicherheit für Mensch und Tier zu gewährleisten, sollten die Decken mit Sicherheitsgurten kombiniert werden. So verfügen hochwertige Decken über entsprechende Schlitze, durch die der Hunde-Sicherheitsgurt mit den Gurtschlössern verbunden werden kann. Ausgelegt werden die Decken auf der Rücksitzbank des Autos. Eine zusätzliche Fixierung erfolgt an den jeweiligen Kopfstützen der Vordersitze. Die Decken sind feuchtigkeitsabweisend sowie reiß- und abriebfest. Im Handel sind die Decken etwa ab 50 Euro erhältlich.

Feststeht: Keines der vorgestellten Systeme bietet eine 100-prozentige Sicherheit. Was für den Menschen im Straßenverkehr gilt, ist bei Hunden nicht anders. Selbst die teuersten, Gurte und Gitter können das Gefahrenpotential im Auto nicht auf Null reduzieren. Jeder Autofahrer sollte sich somit nicht nur der Vor- und Nachteile der Sicherheitssysteme, sondern auch der Verantwortung gegenüber dem Hund, den Mitfahrern und den anderen Verkehrsteilnehmern bewusst sein.

Ranger

Gesetz & Ordnung
Politik & Soziales

Hunde sind auf Sylt eine emotionale Angelegenheit. Die Gastronomen, Hoteliers, und Ferienhausvermieter der Insel haben in den allermeisten Fällen ein sehr herzliches Verhältnis zu Hunden und in vielen Häusern sind Hunde gerne gesehene Gäste.

Natürlich wollten wir auch mit den Sylter Politikern sprechen, um einen Blick auf die Hundepolitik der Insel zu werfen. Unsere Fragen wurden uns bis zum Redaktionsschluss leider nicht beantwortet. Glücklicherweise haben wir bei unserer Reportage über Hunde im Büro den Wenningstedter Kurdirektor getroffen. Er hat sich sofort bereit erklärt, unseren Fragenkatalog zu beantworten. Und so können wir hier zeigen, dass ein Hund nicht immer nur der Zankapfel und Gegenstand öffentlicher Regulierung sein muss. Denn auch Lokalpolitikern sind manchmal einfach nur die Hände gebunden. Und seien wir mal ehrlich: Wenn sich die Hundebesitzer an die meisten der für sie bestehenden Regeln halten würden, hätten sich viele Konfliktherde in Luft aufgelöst, bevor sie überhaupt entstünden. Hunde sind nun einmal wichtig in unserem Leben. Das zeigt sich besonders deutlich bei Assistenzhunden oder Besuchshunden. Und natürlich gibt es auch traurige Geschichten von Hunden, die von der Armut ihrer Besitzer betroffen sind. Das hat uns unser Besuch bei der Tiertafel in Hamburg gezeigt, über den wir am Ende des Kapitels berichten.

„Zwei zu Null für Sam und Anton“

Mit zwei Besuchshunden in einer Seniorenanlage unterwegs

17 lange Jahre hat die ältere Dame mit den adrett gelegten, fast weißen Haaren einen schwarzen Collie-Mischling besessen. Blacky. Das ist schon eine ganze Weile her. Wie lange genau, daran kann sie sich gar nicht mehr so richtig erinnern. Aber dass Blacky ein feines Tier gewesen ist, weiß sie ganz bestimmt.

Ihren Namen hat sie zwar verraten, aber der ist im Moment nicht wichtig. Vielleicht stimmt er auch gar nicht, vielleicht hat sie ihn auch gleich wieder vergessen. Folgen der Demenz, unter der alle sieben Senioren erkrankt sind, die gemeinsam und doch jeder ganz in seiner eigenen Welt in einem Stuhlkreis darauf warten, dass Sam und Anton gleich vorbeischauen. Zwei Besuchshunde, die alle 14 Tage in der „vhw-Seniorenanlage Walddörfer“ in Hamburg Berne zu Gast sind. Die Tür der gut ausgestatteten und in freundlichen Farben eingerichteten Bibliothek öffnet sich; zwei Hundenasen drücken den Türspalt auf. Beide haben ein leuchtendes, orangefarbenes Halstuch um den Hals gebunden: „Besuchs- und Therapiehunde“ steht darauf geschrieben.

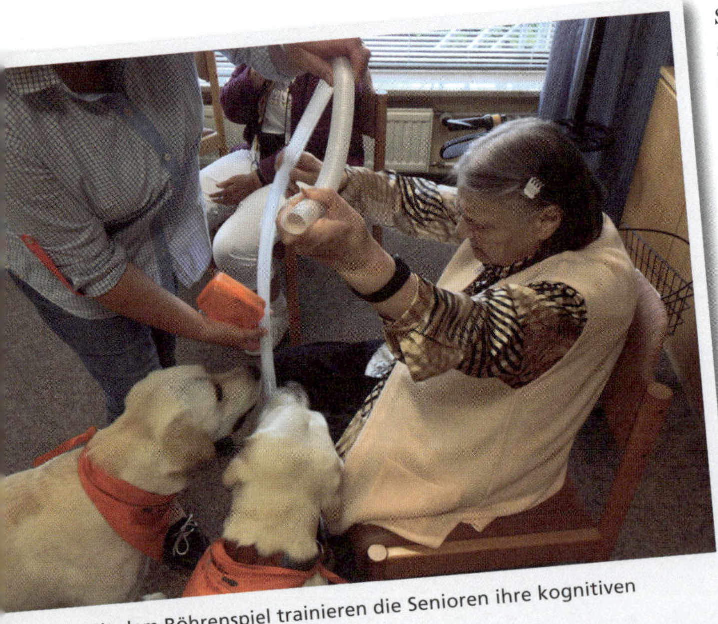

Mit dem Röhrenspiel trainieren die Senioren ihre kognitiven Fähigkeiten

Den beiden weißen Labradoren Sam und Anton folgt eine Hundeleine und am Ende dieser Leine betritt Susanne Duschek den Raum.

Jedem Tierchen sein Plaisierchen: Helga Maaß (l.) und Irmgard Römmer mit Sam (l.) und Anton

Hundeführerin beim Bijou-Seniorenbesuchsdienst. Und obwohl Susanne Duschek in diesem Moment trotz ihrer mit fröhlich-kraftvoller Stimme in den Raum gerufenen Begrüßung ein vernehmlich hörbares „Guten Tag" zurückbekommt, ist sie quasi abgemeldet. Die geballte Aufmerksamkeit der sieben älteren Herrschaften liegt jetzt auf den beiden Labradoren. Noch angeleint, damit sie im Eifer der ersten überschwänglichen Freude niemanden umlaufen, begrüßen sie die Senioren.

Vater und Sohn sind ein eingespieltes Team

Sam und Anton, Vater und Sohn, sind ein gut eingespieltes Team. Ruhiger und besonnener der Ältere, mit gebremst ungestümer Jugend der Sohnemann. Sam läuft sofort auf einen der beiden Männer in der Gruppe zu. Herr Gramatzki, früher selbst einmal stolzer Hundebesitzer, greift zielstrebig mit beiden Händen nach Sams Kopf und krault ihn mit allen zehn Fingern hinter beiden Ohren. Schwer zu sagen, wer von den beiden diesen Moment mehr genießt. „Sehen Sie", flüstert die anwesende Pflegekraft Petra Unger, „eigentlich ist Herr Gramatzki körperlich gar nicht mehr in der Lage, seine Hände so flink und geschickt zu bewegen. Aber der unbedingte Wunsch, ‚seinen' Sam zu streicheln ist stärker, als die körperliche Blockade." Mit neun Wochen ist Anton das erste Mal mit Sam und Susanne Duschek in der Seniorenresidenz im Dienst gewesen. „Das ist jetzt gut zwei Jahre her und sie glauben gar nicht, wie sehr den Bewohnern die beiden Hunde ans Herz gewachsen sind", freuen sich Petra Unger und Susanne Duschek. Mittlerweile spielen die Damen und Herren Sitzfußball. Sam und Anton übernehmen dabei die Rolle des Torwarts und bringen den Ball brav und ohne Aufforderung wieder zurück zum nächsten Schützen. „Ein Hund ist ein guter Freund, dem man alles anvertrauen kann. Der erzählt nichts weiter" sagt eine Dame mit rosafarbener Strickjacke. Stilles Nicken in der Runde. Mittlerweile steht es Zwei zu Null für Sam und Anton. Mehr als 160 Besuche hat Sam schon hinter sich, die beiden machen ihre Sache gut. Die Senioren strahlen übers ganze Gesicht. Bei manch einem hat man den Eindruck, als würden plötzlich durch den dunklen Wald im eigenen Kopf Fetzen einer fernen Erinnerung an Tageslicht geweht. Der Schwierigkeitsgrad der Übungen, die Hunde und die Bewohner an diesem Nachmittag ausprobieren, steigt von Mal zu Mal.

Susanne Duschek holt aus ihrer großen Tasche einen Beutel mit Leckerlis und ein langes, durchsichtiges Plastikrohr. „Jetzt geht es darum, drei Handlungsabläufe gleichzeitig zu koordinieren: Den Kopf, die Arme und die Hand". Beim Röhrenspiel nehmen die Bewohner beide Enden der Röhre in eine Hand. Mit der anderen Hand stecken sie ein Leckerli in eines der beiden Enden dieser Röhre. Dann wird der Arm mit dem „Leckerli"-Ende der Röhre nach oben gestreckt und das untere Ende der Röhre dem wartenden Sam oder Anton vorsichtig vor die Hundenase gehalten. Der Hund öffnet das Maul und durch die Aufwärtsbewegung des Bewohner-Armes rutscht das Leckerli direkt ins Maul der Hunde.

Doppelter Belohnungseffekt

Der Belohnungseffekt: Sich bewegende Bewohner sorgen für schwanzwedelnde Hunde und die wiederum für einen Glücksmoment im Leben der Bewohner. „Was glauben Sie wohl, wie schwierig es ist, die Bewohner zu einer vergleichbare Übung ohne Besuchshund zu animieren", erzählt Petra Unger. „Das ist manchmal gar nicht so einfach.

Aber die Hunde motivieren unsere kleine Gruppe hier alle 14 Tage zu Höchstleistungen." Und der positive Effekt, beim Sport nennt man das „Nachbrennen" hält bis zu vier, fünf Tage an. Solange können sich die Bewohner an den ein-

Pause muss ja auch mal sein...

geübten Bewegungsablauf erinnern. Trotz ihrer Demenz, die manch einen sogar vergessen lässt, zu trinken. Obwohl das gefüllte Glas Saft direkt vor ihm oder ihr steht. Ende 2008 ist der Bijou Seniorenbesuchshundedienst an den Start gegangen. Seitdem wird mit den Pflegekräften der Wohnanlagen und den Angehörigen eine Biografie der Bewohner erstellt. So wird sichergestellt, dass die Menschen zur Hundebesuchsrunde kommen, die Hunde mögen oder vielleicht selbst mal einen besessen haben. „Bei uns im Haus finden Sie sogar eine Bewohnerin, die mit fast neunzig Jahren mehrmals pro Woche morgens den Hund ihrer Tochter entgegennimmt und sich tagsüber um ihn kümmert. Abends holt die Tochter den Hund dann wieder bei uns ab", erzählt Petra Unger am Ende der Besuchsrunde mit Sam und Anton, bevor sie kurz die Bibliothek verlässt, um eine Waschschüssel zu holen.

Händewaschen heißt „Feierabend"

Susanne Duschek macht derweil mit ihren beiden vierbeinigen Jungs die Abschiedsrunde: Jeder darf seinen Lieblingshund noch einmal ausgiebig knuddeln. „Dieses Ritual ist in erster Linie natürlich der Hygiene geschuldet", erklärt Susanne Duschek. Nach dem letzten Hundekontakt des Nachmittags wird die Schüssel mit warmen Wasser und Seife herumgereicht. Jeder wäscht sich die Hände, trocknet sie sich danach ab. Petra Unger ergänzt: „Und so weiß jeder unserer Bewohner hier, dass die Stunde jetzt zu Ende ist. Händewaschen ist das Signal für: Feierabend." Nach und nach verlassen die Damen und Herren den Raum. Die Besitzerin von Blacky winkt Sam und Anton im Vorbeigehen zu. Susanne Duschek und Petra Unger verstauen das Hundespielzeug in einer großen Tasche. Feierabend. Heute auch für Sam und Anton.

Bijou Senioren-Besuchsdienst gGmbH

Harnackring 32
21031 Hamburg
Angela Harms
Tel.: 040-7385235
Mail: info@therapiehunde-hamburg.de
Web: www.therapiehunde-hamburg.de

Clairechen hat den Kampf gegen den Regenschirm gewonnen.

„Sie kann auch eine Amazone sein“

Vom korrekten Umgang mit amtlichen Bescheiden

„Und ein paar Tage später hatte ich eine Einladung vom Bezirksamt im Briefkasten. Ich sollte meinen Hund vorführen!“ Angefühlt hat es sich allerdings mehr wie eine Vorladung, schiebt Ronald Ströming hinterher. Ein ruhiger, besonnener Herr in gestandenem Alter, der seine Sätze sehr bedächtig wählt, um diese dann druckreif und mit einer Prise schwarzem Humor versehen auszusprechen. Der Sozialarbeiter im Ruhestand wurde vorgeladen, um Clairechen, seine sieben Jahre alte Parson-Jack-Russell-Hündin bei der Amtstierärztin im Bezirksamt Hamburg-Nord vorzustellen. Weil sich Clairechen, die eine Hundeschule besucht hatte und sogar eine amtliche Leinenbefreiung besitzt, einige Wochen vorher mit einem anderen Hund gestritten hatte. Wie Hunde, vor allem kleine Hunde, nun einmal so sind: Sie bellen, sie führen ein Tänzchen auf und manchmal schrecken sie auch nicht davor zurück, ihr ebenfalls bellendes und an einer Leine zerrendes Gegenüber mit einem gezielten Zwick davon zu überzeugen, dass sie selbst hier auf diesem Grünstreifen die Oberhoheit haben. Wenn in so einem Moment am oberen Ende der Leine zwei besonnene Hundebesitzer stehen, ist diese fast täglich irgendwo vorkommende Routinesituation, schneller gelöst als sie entstanden ist. Wenn aber eine der Hundeleinen von einem aufbrausenden Menschen gehalten wird, sieht die Sache anders aus.

Die beiden Hunde sind nicht gut aufeinander zu sprechen

Ronald Ströming spaziert wie jeden Tag am Eilbek-Kanal in Barmbek-Süd entlang.

Die oberhalb von einem kleinen Steg gelegene Bank lädt zum Verweilen ein. Clairechen sucht sich ein schattiges Plätzchen. Ronald Ströming erzählt: „Eines Tages habe ich meinen Hund auf der Wiese dort vorne ohne Leine laufen lassen. Das mache ich nicht oft, aber hin und wieder muss Clairechen mal etwas toben. Ich habe ja für sie eine Leinenbefreiung bekommen, in sofern habe ich mir nichts dabei gedacht." Ronald Ströming sucht sich speziell die Orte aus, an denen er Clairechen unbekümmert ohne Leine frei laufen lassen kann. Dumm nur, dass ausgerechnet in diesem Moment eine Dame mit Hund des Weges kam. Ronald Ströming und die Dame kennen sich und sind seit vielen Jahren in gegenseitiger, herzlicher Abneigung verbunden. Die beiden Hunde waren ebenfalls nicht sonderlich gut auf einander zu sprechen. „Clairechen kannte ja diese Wiese schon seit Kindertagen. Aus diesem Grund hat sie keine Sekunde daran gezweifelt ‚ihr' Territorium mit all den ihr gegebenen Mitteln verteidigen zu müssen. Sie kann halt schon manchmal eine Amazone sein."

Ich wusste ja, dass ich nichts Unrechtes getan habe

Diese Mittel, wie der gebürtige Hamburger sie nennt, sind bei einem Parson-Jack-Russell-Terrier: Seine Stimme und seine feinen, spitzen Zähne. Terrier müssen sich halt immer mal wieder ausprobieren und an ihre Grenzen gehen. Nachdem die Hunde in den Ring gestiegen waren, ist die Hundehalterin des Kern-Terriers kurzerhand mit ihrem gezückten Regenschirm dazwischen gegangen und hat Clairechen geschlagen. Ronald Ströming hat seinen Hund umgehend an die Leine genommen, der Terrier der Dame hat Dank des eingesetzten Stockschirms ein Teil seines Ohres eingebüßt. „Ich gebe zu", erinnert sich Clairechens Herrchen, „dass ich nicht sehr höflich gewesen bin, als ich meine Bitte vorgetragen habe, sie möge doch die Hunde nicht mit einem Schirm schlagen."

Das Ende vom Lied war die Vorladung der Amtstierärztin des Bezirks Hamburg-Nord. Bis zu dem Tag, an dem Clairechen dort vorgeführt und auf ihre Charakterfestigkeit untersucht werden sollte, galt die amtliche Auflage einer maximal 2,50 Meter langen Leine. Ronald Ströming, der schon von Berufswegen ein eher friedliebender Mensch ist, hat sich daraufhin bei Clairechens Tierärztin und ihrer ehemaligen Hundetrainerin informiert, was auf ihn und seinen Hund nun zukommen würde. Ärztin und Trainerin sagten einhellig, dass man damit rechnen müsse, dass der Hund einen Wesenstest zu absolvieren haben. „Ich kann nur jedem, der in so eine Situation gerät, dringend raten, sich bei seinem Tierarzt und der Hundeschule zu informieren. Das hat mir enorm geholfen, meine Aufregung im Zaum zu halten. Ich wusste ja, dass ich nichts Unrechtes getan hatte. Und das Clairechen sogar eine offizielle Leinenbefreiung besaß", sagt Ronald Ströming. Die sie übrigens immer noch besitzt.

Die Vorladung und die Vorführung der Parson-Jack-Russell-Hündin war dann eine Sache von nicht einmal 45 Minuten. Ronald Ströming erinnert sich noch genau daran: „Ich hatte ja vorher auf Anraten meiner Hundetrainerin zu Hause den klassischen Wesenstest ausprobiert: Schirm auf. Schirm zu.

Um zu schauen, wie mein Hund darauf reagiert. Ob er bellt oder aggressiv wird. Aber sie hat mich nur angeschaut, also wolle sie mich fragen, ‚was soll denn dieser Blödsinn'. Ich bin dann beim Amt aufgetreten mit dem Gefühl und in der Gewissheit, dass ich mir nichts vorzuwerfen hatte!"

Den Wesenstest musste die Hundedame übrigens nicht ablegen. Ihr wohlfeiles Verhalten im Büro der Amtstierärztin hat diese sogar dazu veranlasst, den verdutzten Ronald Ströming zu fragen, ob sie Clairechen denn vielleicht ein Leckerli geben dürfe. „Das war eine sehr entspannte Situation", erinnert er sich. Die Amtstierärztin war sehr freundlich und glücklicherweise hat sich Clairechen von ihrer besten Seite gezeigt. Im Anschluss daran hat es noch einen so genannten „rechtlichen Vermerk" gegeben, in dem aktenkundig festgehalten wurde, dass die Hunde ihr ritualisiertes Verhalten an den Tag gelegt haben, weil sich die beiden Erwachsenen ‚nicht grün' gewesen seien. Das deckt sich mit den Erfahrungen von Hundepsychologen: Wenn sich die entgegenkommenden Hundehalter unsympathisch sind, dann merken die Hunde das natürlich und sind sich ebenfalls „nicht grün".

Vertrauen in den eigenen Hund ist wichtig

Für Ronald Ströming ist nach dieser Geschichte jedenfalls eines klar: „Wenn man besonnen auftritt, seinem Hund vertraut und die richtigen Stellen um Rat bittet, dann hören sich die Begriffe ‚Vorladung' und ‚Wesenstest' plötzlich gar nicht mehr so schlimm an, wie im ersten Moment." Einen kleinen Nachgeschmack hat die ganze Geschichte allerdings doch: Sollte Clairechen jemals wieder auffällig werden, dann kann es passieren, dass sie einen Maulkorb tragen muss. Egal, ob sie schuld hat oder nicht.

„Unsichtbare Helferin“

Wie Blindenführhündin Betty den Alltag des Hamburgers Rolf Schilling gestaltet

Das Hundegebell hinter einer Wohnungstür, hoch oben im 14. Stock eines Hochhauses, im Hamburger Osten beginnt in der Sekunde, in der sich die Fahrstuhltüren öffnen. Scharf nach links, 13 Schritte geradeaus, dem Hundegebell entgegen. „Kommen Sie herein“ sagt Rolf Schilling, nachdem er die Wohnungstür geöffnet hat. Eine behagliche Wohndiele empfängt den Besucher, sie strahlt Geborgenheit aus. Der Blick durch die geöffnete Wohnzimmertür und weiter durch die großen Glasscheiben fängt ein beeindruckendes Stadtpanorama ein. Ein Blick fast wie vom Fernsehturm. Betty, ein weißer Labrador, ist mittlerweile im Schmusemodus und grunzt zufrieden vor sich hin. Rolf Schilling streichelt den weichen Kopf der Hündin. Es gab mal eine Zeit, da hatte er regelrecht Angst vor Hunden. „Meine Frau wollte schon immer einen Hund haben. Aber für mich war das nichts. Außerdem konnte ich mir nicht vorstellen, einen Hund zu lieben und den dann nach zehn Jahren abzugeben, weil er am Ende seiner Uhr angekommen ist.“

„Früher hatte ich Angst vor Hunden“

Das ist viele Jahre her. Mittlerweile hat Rolf Schilling seine Meinung geändert. Denn er ist blind. Mit 40 Jahren ‚späterblindet', wie er ergänzt. Im Jahr 1967 erkrankte der gelernte Speditionskaufmann an einer Netzhautablösung. „Heute können sie das operieren. Aber damals war man da noch nicht so weit.“ Nach und nach hat Rolf Schilling sein Augenlicht eingebüßt und 1984 schließlich komplett verloren. „Ich habe zunächst versucht, mich mit einem Langstock auf der Straße zurechtzufinden. Ohne Hund. Aber die Leute haben gedacht, ich sei betrunken, ditschig, nicht ganz dicht“, berichtet der heute 69-jährige. „Ich mochte ja keine Hunde. Also, Sie fangen ja nicht plötzlich an, Hunde toll zu finden, nur weil Sie blind geworden sind. Aber irgendwann ging das dann nicht mehr weiter!“ Drei Jahre, nachdem Rolf Schilling sein Augenlicht für immer verloren hatte, übernahm er Gino, einen schwarzen Labrador-Golden Retriever Mischling. „Ein wirklich imposantes Tier. Der hatte seinen eige-

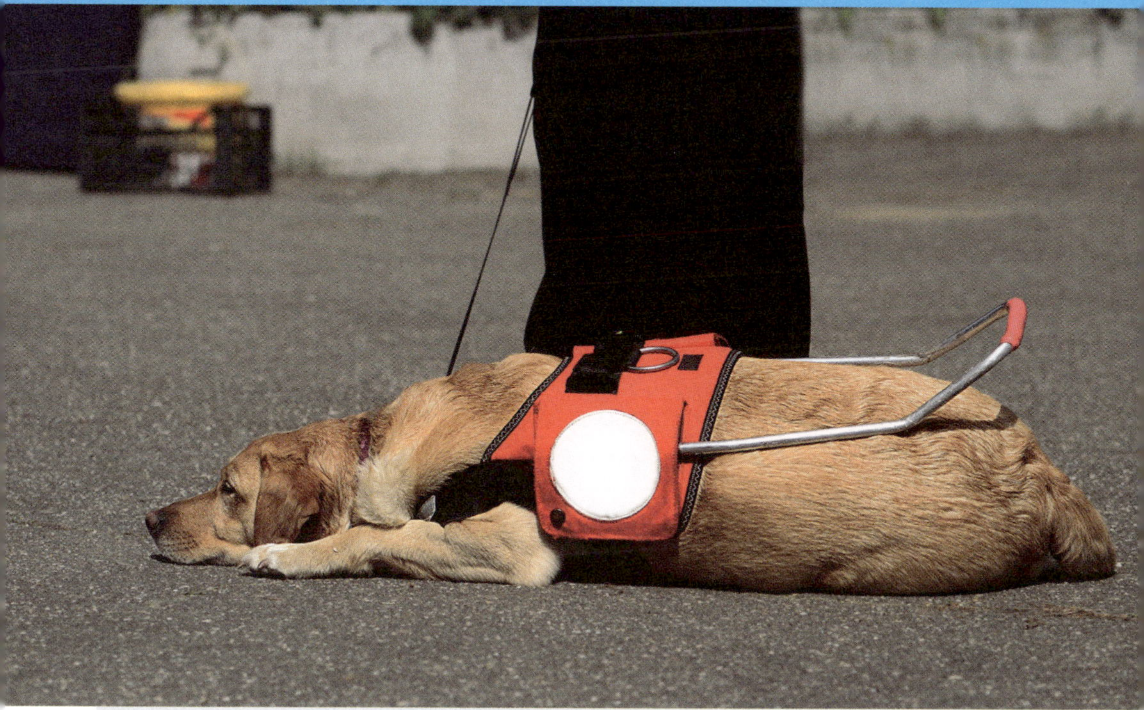

Blindenführhunde sind nicht überall gern gesehene Gäste.

nen Kopf und wusste genau, was er wollte." Rolf Schillings Worte lassen noch heute, Jahrzehnte später, ansatzweise erahnen, welchen Respekt er damals vor Gino empfunden hat. 1987 ist der Hamburger nach West-Berlin gereist, in die dortige Führhundeschule. Die erste Nacht mit Gino zusammen in seinem Zimmer wird Rolf Schilling wohl sein ganzes Leben nicht mehr vergessen: „Ich hatte ja keine Ahnung, was für Geräusche ein Hund macht. Der schnarcht sogar! Ich habe in der ersten Nacht mit Gino nur sehr wenig Schlaf bekommen!"

Eine gute Führhundeschule besucht einen gesunden Wurf regelmäßig

Bis heute werden in Berlin Blindenführhunde ausgebildet. Der Weg für angehende Blindenführhunde ist lang. In den ersten zwölf Wochen ihres Lebens wird das Welpenverhalten der jungen Hunde beobachtet, zum Beispiel wie sie sich untereinander verhalten. Eine gute Führhundeschule besucht einen gesunden Wurf regelmäßig, um dessen Sozialverhalten zu beurteilen. Diese konstante Beobachtung hilft dem Ausbilder der Hunde bei der Auswahl eines Tieres. Mit einem Lebensalter von ungefähr acht Wochen kommt der Welpe dann in eine Pflegefamilie. Dort werden dem Hund in der Elementarausbildung die Grundlagen für sein Leben beigebracht: Sitz, Platz, bei Fuß und natürlich auch das Thema Reinlichkeit. Der spätere Blindenführhund bleibt nun zehn bis zwölf Monate in seiner Pflegefamilie. Wenn der Hund seinen zehnten oder elften Lebensmonat erreicht hat, beginnt die Ausbildung. Rolf Schillings zweiter und dritter Führhund wurden in der Führhundeschule Boldhaus in

Seit vielen Jahren ein eingespieltes Team: Betty & Rolf Schilling

Arnstadt ausgebildet. Dort wird der Hund dann speziell auf seinen Einsatz als Blindenführhund vorbereitet: Er muss lernen, Höhenhindernisse zu erkennen und darauf achten, dass er auf der rechten Seite mehr Platz benötigt als links. Denn an der rechten Seite des Hundes wird später der blinde Hundehalter laufen. Das Training ist wichtig, denn, so Rolf Schilling, ein Hund läuft ja aus eigenem Antrieb nicht vor Hindernisse. So langsam kommt dann auch der Zeitpunkt, an dem geschaut wird, ob die Chemie zwischen dem Blinden und dem Hund stimmt: beide lernen sich langsam kennen. Mit dem Üben ist dann aber noch nicht Schluss: Haben sich Halter und Hund gefunden, stimmt das Umfeld und die Chemie, so wie bei Rolf Schilling und Gino vor etwa dreißig Jahren, folgt ein mehrwöchiger Eingewöhnungskurs für die Halter, die auch danach weiter trainieren und ihre Hunde konditionieren müssen. Erst danach kommt das Mensch-Hund-Team so richtig in Fahrt.

Das größte Hindernis ist der Mensch

Betty, nach augenzwinkernder Aussage von Rolf Schilling „manchmal eine Diva wie sie im Buche steht," ist sein dritter Führhund. Trotz anfänglicher Allüren von Betty sind die beiden mittlerweile ein sehr gut eingespieltes Team. „Rüden sind stur, aber gelassen. Hündinnen sind zickig." Mit jedem seiner drei Hunde musste Rolf Schilling wieder neu lernen, als Team zusammen zu arbeiten. Ein Hund, sagt er, ist ja schließlich ein Individuum. Seine Hundeangst hat er als rational denkender Mensch schnell überwunden. „Das war dann halt so. Es gab ja für mich keine Alternative zu einem Blindenhund." Erst Gino, dann der schwarze Labrador Akim, und jetzt Betty. Sie sieht für Rolf Schilling, wo die erste Treppenstufe ist, findet den Weg durchs Gedränge in der Einkaufsstraße, meidet Laternenpfähle, Bäume und nimmt Unebenheiten im Asphalt wahr. „Durch Betty habe ich im Alltag kaum Hindernisse", sagt der Rentner. Das größte Hindernis ist für ihn allerdings die Intoleranz der Menschen. Seine Frau, die gerade dabei ist, im Wohnzimmer nebenan die große Bücherwand abzustauben, schaut in die Wohndiele: „Sie glauben gar nicht, wie borniert sich manche Menschen hier in Hamburg aufführen, wenn Sie einen Führhund dabei haben. Mein Mann, Betty und ich sind mit der Bahn am Hauptbahnhof angekommen und wollten uns am

Hachmannplatz ein Taxi nehmen. Glauben Sie, dass uns auch nur ein Taxifahrer mitnehmen wollte? Die einen hatten eine plötzliche Hundeallergie und die religiös Orientierten wollten mir weißmachen, sie dürften keine Hunde transportieren, weil das gegen den Koran wäre." Auch viel gutes Zureden von Rolf Schillings Frau hat nichts genützt: Sie musste erst die Zentrale anrufen und einen Wagen zum Hauptbahnhof ordern, um nach Hause gebracht zu werden. Mit Hund versteht sich. „Egal ob ich zum Bäcker gehe, oder kurz mal in den Supermarkt möchte: Es gibt nur wenige Geschäfte, die ich ohne Diskussion mit Betty betreten darf."

Hunde müssen draußen bleiben? Nicht für Rolf Schilling.

90% Mobilitätsgewinn dank Betty

Erfreulich ist es für das Ehepaar Schilling, dass sie in Restaurants und Cafés keinerlei Probleme haben, den Hund mit hineinnehmen zu dürfen. Erstaunlich hingegen, mit wie viel Unverständnis der scheinbar aufgeklärte Hansestädter des 21. Jahrhunderts Blinden und ihren Führhunden entgegentritt. „Mein Mobilitätsgewinn liegt dank der Hunde bei 90 Prozent", sagt Rolf Schilling, der sich mittlerweile auch per GPS mit Sprachausgabe leiten lässt, wenn er auf Reisen ist. „In Hamburg ist der Hund einfach unschlagbar. Sehen Sie: Ein Stock schränkt mich ein. Der braucht ja immer erst den Kontakt zum Hindernis. Betty weiß halt schon vorher, mit welchem Hindernis ich zusammenstoßen könnte." Und wie ist das mit den ganz normalen Bedürfnissen so eines Blindenführhundes? Schilling und seine Frau Schmunzeln: „Wenn Betty im Geschirr ist, muss sie nicht müssen. Dann schnuppert sie auch nicht, weil sie genau weiß: Ich bin im Dienst." Anders ist das natürlich beim normalen Gassi gehen, dreimal täglich, oder beim Herumtollen auf der eingezäunten großen Wiese, direkt vor dem Haus. Auch das übernimmt Rolf Schilling. Seine Frau lacht, als sie hinzufügt, dass sie natürlich auch morgens mit Betty die erste Runde drehen würde: „Aber dann müsste sich Rolf um den Haushalt kümmern. Insofern hat sich das quasi von selbst geregelt, wer morgens mit dem Hund rausgeht."

Blinden- und Sehbehindertenverein Schleswig-Holstein e. V.

Memelstr. 4
23554 Lübeck
Tel.: 0451-4085080
Fax: 0451-4080855
Mail: info@bsvsh.org
Web: www.bsvsh.org

„Mona ist jetzt mein Hund und Hamburg nicht mehr meine Stadt."

Das Hamburger Hundegesetz und seine Auswirkungen

Hannelore Herrmann lebte fast ihr ganzes Leben in Hamburg und die Elbmetropole war immer ‚ihre' Stadt. Selbst als 2006 das neue Hundegesetz die Hundehalter mehr als in die Pflicht genommen und das Leben mit einem Vierbeiner immer schwieriger gemacht hatte, blieb sie ihrer Hansestadt treu. Doch damit ist jetzt Schluss. Im Oktober 2012 hat die Hundefreundin gemeinsam mit Ehemann Wolfgang ihre sieben Sachen gepackt und ist nach Schleswig-Holstein gezogen. Seit Jahren ist Hannelore Herrmann ehrenamtliche Gassigeherin im Hamburger Tierheim „Süderstraße". Ihr Herz schlägt ganz besonders für die vom Hamburger Hundegesetz diskriminierten Rassen American Staffordshire Terrier und Pitbull Terrier. „Diese Hunde haben es mir angetan", sagt sie. „Sie sind verschmust, ruhig und keiner von ihnen kommt als so genannter ‚Kampfhund' auf die Welt!" Als im September 2009 eine trächtige Staff-Hündin sichergestellt und ins Tierheim eingeliefert wurde und kurze Zeit später acht gesunde Welpen zur Welt brachte, engagierte sich die medizinische Fachangestellte von Anfang an bei der Sozialisation der Welpen. Sie fuhr mit einigen von ihnen U-Bahn, mit dem Auto und machte sie bei Spaziergängen mit anderen Menschen, anderen Hunden und den zahlreichen Umweltreizen vertraut. Trotzdem fielen drei der Welpen, Agnes, Mona und Pia, zunächst bei dem für Hunde dieser Rassen erforderlichen Jugendwesenstest durch. „Sie waren einfach noch zu ängstlich", sagt die Gassigeherin, „aber wie soll ein Welpe auch zu einem selbstsicheren Hund heranwachsen, wenn er die meiste Zeit hinter Tierheimgittern leben muss?"

Wie soll ein Welpe im Tierheim zu einem selbstsicheren Hund heranwachsen?

Fast ihre ganze Freizeit hat Hannelore Herrmann dann in Agnes investiert, bis die Hündin 2011 – natürlich mit bestandenem Wesenstest – endlich ein schönes Zuhause außerhalb von Hamburg gefunden hatte. Jetzt wurde Mona , ihr' Hund und fast unmerklich entwickelte sich eine tiefe Beziehung zwischen der schüchternen, braunen Hündin und der erfahrenen Hundehalterin. „Als sich das erste Mal ernsthafte Interessenten für Mona meldeten, spürte ich, dass ich sie sehr vermissen würde“, erinnert sich Herrmann. „Doch eine behördliche Haltungsgenehmigung für Mona hätte ich in Hamburg niemals bekommen, die Anforderungen sind ja tatsächlich nicht erfüllbar.“. Und so setzte sie alle ihre Hoffnungen auf die Verhandlungen des Hamburger Tierschutzvereins von 1841 e. V. mit den politisch Verantwortlichen. Diese hatten eine dahingehende Änderung des Hundegesetzes zum Ziel, zumindest die Vermittlung der im Tierheim einsitzenden Hunde dieser Rassen innerhalb Hamburgs zu erleichtern. „Mona war inzwischen ‚mein‘ Hund geworden und nachdem sich der Hamburger Senat gegen eine Änderung des Hundegesetzes ausgesprochen hatte, war Hamburg nicht mehr meine Stadt“, sagt die enttäuschte Hundehalterin. Auf Facebook veröffentlichte sie, dass sie eine neue Wohnung im Hamburger Umland suche, damit Mona endlich das Tierheim verlassen könne. Mitte Oktober 2012 konnten Hannelore, Wolfgang und der 12 Jahre alte Rüde Paul einziehen.

Hannelore Herrmann hat Hamburg verlassen.

Blaues Halsband in Schleswig-Holstein

Am zweiten Novemberwochenende kam dann Monas großer Tag: Der Umzug in ein richtiges Zuhause nach drei langen Jahren im Tierheim! Und weil Monas Wesenstest und Hannelores Sachkundeprüfung aus Hamburg ganz unbürokratisch von den Elmshorner Behörden anerkannt wurden, darf die freundliche Hündin in ihrer neuen Heimat auch ohne Maulkorb spazieren gehen. „Ich genieße die entspannte Atmosphäre“, erzählt ihr Frauchen, „hier wird man nicht dumm angemacht und kein Mensch scheint auf die Idee zu kommen, dass Mona gefährlich sein könnte“. Und schmunzelnd fügt sie hinzu: „Ich bin wohl auch die einzige Elmshornerin, die sich tatsächlich daran hält, einem Hund dieser Rasse ein blaues Halsband umzubinden, wie es eigentlich vom schleswig-holsteinischen Gesetzgeber vorgeschrieben ist!“ (Jule Thumser)

„Was die Sylter Politik von Hunden hält“

Meinungscheck bei den Sylter Lokalpolitikern

Auch mit Hund eine Reise Wert...

Leinenpflicht kontra Freilauf, Hundeführerschein oder Eigenverantwortung bei der Hundeerziehung: Es gibt eine Menge Themen rund um den Hund, bei denen die Sylter Politik mitredet. Einerseits sind Hunde ja Privatsache, andererseits bieten sie (leider) immer wieder Anlass für öffentlichen Unmut. Wir wollten eigentlich an dieser Stelle mit Sylter Gemeindevorstehern und Bürgervorstehern sprechen. Leider ist das Thema „Hund“ auf der Insel allerdings ein eher heikles Unterfangen. Es gibt sehr viele Regeln, Richtlinien und – das müssen wir leider auch festhalten – ziemlich viele Einschränkungen für Hunde und Hundehalter. Natürlich haben diese Regeln einen durchaus gerechtfertigten Sinn. Denn nur durch diese zahlreichen – auf den ersten Blick verwirrenden und teilweise auch komplizierten – Verordnungen, ist ein friedliches Miteinander von Hundehaltern und Menschen ohne Hund auf einer Insel wie Sylt mit ihrem begrenzten Platz überhaupt erst möglich. Und leider – machen wir uns doch nichts vor – ist es auch hier am Strand und verbotenerweise in den Dünen immer wieder eine Minderheit, die durch unsoziales und regelwidriges Verhalten dafür sorgt, dass Hundehalter und ihre Hunde zumindest in den Augen der Sylter Politiker ein eher durchwachsenes Ansehen haben.

Im Rahmen unserer Reportage über Bürohunde auf der Insel haben wir glücklicherweise Henning Sieverts kennengelernt. Er ist der Geschäftsführer des Tourismus-Service Wenningstedt-Braderup. Und wird seit einigen Jahren tagtäglich von seinem Boxer Tyson ins Büro begleitet. Während sich Henning Sieverts am Ende unseres eigentlichen Gespräches ausführlich Zeit nimmt, unsere Fragen zu beantworten, schnarcht Boxer Tyson hinter Sieverts Schreibtisch in seinem mit Pfötchenmuster gefleckten hellbeigen Körbchen.

Henning Sieverts, Geschäftsführer der Tourismus-Service Wenningstedt-Braderup GmbH & Co. KG

1. Welchen Stellenwert haben Hunde auf Sylt?

Für viele Besucher unserer Insel sind Hunde ein festes Familienmitglied. Und seine Familie nimmt man natürlich mit in den Urlaub. Wir in Wenningstedt-Braderup sehen uns als Familien-Bad, in dem Hunde als Familienmitglieder gerne gesehen sind. Natürlich müssen sich alle an die gemeinsamen Spielregeln halten, denn nur dann können Hundehalter und Nichthundehalter im Einklang miteinander die für sie schönsten Wochen des Jahres auf Sylt genießen. Kurz gesagt: Wer die Regeln einhält, ist bei uns immer herzlich willkommen.

2. Was ist das größte Problem mit Hunden auf der Insel? Wie wollen Sie darauf reagieren?

Wichtig ist es ja, dass beide Seiten – Hundehalter und Nichthundehalter – gegenseitiges Verständnis füreinander aufbringen. Nehmen Sie nur mal folgendes Beispiel: Ein Pärchen lässt seinen Hund ohne Leine laufen. Eine andere Familie, vielleicht mit einem kleineren Kind, kommt entgegen. Die können das Verhalten des Hundes vielleicht gar nicht deuten. Die wissen ja nicht, dass der Hund eigentlich friedlich ist. Und wenn die beiden Hundebesitzer dann noch den gut gemeinten Spruch „Der tut nichts..." sagen, dann prallen ganz schnell zwei Welten aufeinander. Und da

Henning Sieverts: „Spielregeln sind dafür da, dass sich alle dran halten."

sind wir wieder am Anfang unseres Gespräches: Spielregeln sind dafür da, dass sich alle daran halten. Wir in Wenningstedt-Braderup und in Kampen haben uns deswegen vor einigen Jahren dafür entschieden, einen Ranger bzw. aktuell eine Rangerin einzustellen. Unsere Frau Hausen, die das momentan macht, kümmert sich darum, dass beide Seiten Verständnis für den jeweils anderen haben. Glücklicherweise hat Stefanie Hausen selbst einen ausgebildeten Begleithund an ihrer Seite. Das verhindert, dass unsere Rangerin sofort als „Hundehasserin" dargestellt wird. Im Übrigen stellen wir in diesem Jahr vom 3. bis 8. November zum ersten Mal die Wenningstedter Hundstage auf die Beine. Im Rahmen eines vielseitigen Veranstaltungsprogramms rund um den Hund geht es dabei auch um das richtige Verhalten für einen konflikt- und stressfreien Urlaub mit Vierbeiner auf der Insel. Da bieten wir Vorträge, naturkundliche Wanderungen, Informationen zum Hundeführerschein und vieles mehr an.

3. Hundeführerschein – ja oder nein?

Ich finde, dass so ein Hundeführerschein im Grundsatz eine gute Geschichte ist. Der stellt im Idealfall sicher, dass Hundehalter ihren Hund auch im Griff haben. Ein gewisses Grundverständnis für sein Tier ist sehr sinnvoll, denn der Hund muss ja schließlich ausbaden, wenn etwas schiefgeht. Trotzdem finde ich, sollte das Zusammenleben von Mensch und Hund nicht überreguliert werden.

4. Was halten Sie von einer generellen Leinenpflicht?

Das finde ich nicht gut. Ich finde es wichtig, dass es Bereiche gibt, in denen Hunde sich ohne Leine austoben können. Auch hier denke ich, dass eine absolute Überregulierung am Ende des Tages keine Vorteile bringt. Wir haben ja schon das Gefahrhundegesetz. Das sorgt dafür, dass verantwortungslose Besitzer bestraft werden. Aber ich denke nicht, dass wir jeden Hundebesitzer mit einer generellen Leinenpflicht über einen Kamm scheren sollten.

5. Wird es mehr Auslaufgebiete geben?

Bei uns auf Sylt habe ich bisher keinen Mangel an vielfältigen Auslaufgebieten festgestellt. Für unsere Gäste wäre es vielleicht nur einfacher, wenn die Gebiete einheitlicher und auf den ersten Blick verständlicher ausgezeichnet wären. So gibt es in den Gemeinden hier auf der Insel zum Teil unterschiedliche Regelungen, wo man ans Wasser darf und wo nicht.

6. Was wünschen Sie sich von Sylter Hundehalter und Feriengästen mit Hund? Und was von den Nicht-Hundehaltern?

Also von den Hundehaltern wünsche ich mir mehr Verständnis für die Nicht-Hundehalter. Nicht jeder liebt Hunde. Und für mich als Hundehalter ist es meine Verpflichtung, dem Rechnung zu tragen. Nur so kann ich sicherstellen, dass mein Hund niemanden belästigt. Und von den Nicht-Hundehaltern würde ich mir wünschen, dass sie vielleicht etwas vorurteilsfreier und dadurch weniger negativ in die Diskussion mit Hundehaltern gehen. Ja, ein vorurteilsfreierer Umgang mit Hundehaltern: der wäre für mich wünschenswert. Es ist nämlich so, dass nicht jeder Hundehalter automatisch böse und ignorant ist. Wenn mir zum Beispiel Radfahrer entgegen kommen und ich meinen Hund nicht nur an die kurze Leine nehme, sondern ihn gleich ablege, dann freuen sich die meisten Radler so sehr darüber, dass sie sich sogar bei mir dafür bedanken. Für mich ist das eine ganz kleine Sache, Tyson sich hinlegen zu lassen. Aber für einen Menschen, der mit Hunden wenig am Hut hat, signalisiert das natürlich gleich, dass da jemand ein gutes Gespür für die Situation hat.

„Futter ist nicht alles“

Ein Nachmittag bei der Hamburger Tiertafel

Mittwoch, 15:30 Uhr.

Kara Schott leitet die Hamburger Ausgabestelle der Tiertafel.

Wie jeden zweiten Mittwoch sind sie wieder da. Bei Wind und Wetter. Am letzten Mittwoch des Monats sind es immer mehr Menschen als Mitte des Monats. Sie kommen aus der ganzen Stadt und treffen sich auf dem Parkplatz vor diesem leerstehenden kleinen Supermarkt, am Ende einer ruhigen Wohnstraße. Gut 80, 90 Hamburger Hundebesitzer mit ihren Vierbeinern, die schon ungeduldig auf die Uhr schauen. Gleich ist es halb vier. Gleich geht es los: Die Hamburger Ausgabestelle der „Tiertafel Deutschland“ öffnet ihre Türen. Ortstermin in Farmsen-Berne, einem gut bürgerlichen Stadtteil am nordöstlichen Rand der Hansestadt.

14:00 Uhr.

Kara Schott ist die Leiterin der Hamburger Ausgabestelle. Sie hat wenig Zeit und leitet gerade die Lagebesprechung mit 13 ehrenamtlichen Helfern. Die haben jetzt genau zweieinhalb Stunden Zeit, die in den vergangenen vierzehn Tage gesammelten und abgegebenen Spenden zu sortieren und für die Ausgabe ab 15:30 vorzubereiten. Jeder Handgriff sitzt. Ein gut eingespieltes Team. Kara Schott teilt das Team ein und bespricht die anfallenden Aufgaben. „Wir sind unglaublich dankbar über die großartige Unterstützung des Hamburger Franziskus Tierheims. Und natürlich über die große Spendenbereitschaft der vielen Hamburger Fressnapf und Futterhaus Filialen, um nur einige zu nennen“, erklärt sie nebenbei. „Ohne diese gute Zusammenarbeit wären wir nicht in

Jede helfende Hand wird gebraucht.

der Lage, bedürftigen Hamburger Tierbesitzern zweimal im Monat zu helfen, mit ihrem Liebling über die Runden zu kommen."

14:20 Uhr

Der Fahrer des Sammelmobils klingelt an der hinteren Tür des ehemaligen Supermarktes. Er möchte die Spenden abliefern, die er in den vergangenen Tagen in Hamburger Tierhandlungen und Supermärkten gesammelt hat. Und die Spenden, die im Hamburger Franziskus-Tierheim für die Tiertafel abgegeben wurden. Die Mitarbeiter freuen sich: Heute sind Katzen-Kratzbäume dabei. „Sie glauben gar nicht, wie oft wir nach einem Kratzbaum oder einem kleinen Spielzeug gefragt werden", ruft eine ehrenamtliche Helferin durch den Raum. Futter ist eben nicht alles.

14:25 Uhr

Während eine der Helferinnen mit einem Karton Wassereis die ohnehin schon gute Laune aller Anwesenden steigert, ergänzt Kara Schott: „Wir sorgen ja nicht nur dafür, dass die Hundebesitzer und anderen Tierhalter ihr Tier behalten können, indem wir sie mit Futter versorgen. Wir geben auch Leinen, Halsbänder und manchmal sogar Spielzeug aus. Und heute eben auch ein paar Kratzbäume."

14:45 Uhr

„Schaut mal hier! Heute ist auch Nierenfutter für Katzen mitgekommen.“ Große Freude unter den Helferinnen und Helfern, denn Spezialfutter wird nur selten gespendet. Dafür umso häufiger Leckerlis: „Natürlich sind wir dankbar über jede Spende, die wir bekommen! Aber Sie können doch einen Hund nicht nur von Leckerlis, Keksen und Hundesnacks ernähren.“ Kara Schott schüttelt ihren Pagenkopf und rollt die aufgeweckten Augen. „Sie essen doch auch nicht jeden Tag nur Schokoküsse.“ Das vergessen die Spender manchmal, wenn sie der Tiertafel etwas Gutes tun möchten: „Wir sorgen hier für die Grundversorgung und dafür, dass die Tiere nicht verhungern und mangelernährt werden“, ergänzt Kara Schotts Kollegin Karin Riebold.

14:50 Uhr

Die Hektik nimmt zu. Zwei Helfer öffnen die gerade angelieferten, schweren Futtersäcke und füllen das Trockenfutter in große, grüne Tonnen ab. Beagle Bobby beobachtet die Aktion und freut sich, dass der eine oder andere Futterdrop auf die Erde fällt. Seniorenfutter, solches für kleine Hunde, Spezialfutter: Jedem Tierchen...

15:00 Uhr

Ein Blick hinter die Stellwände, hinter denen sich die Anmeldung verbirgt. Hier wird auf Karteikarten vermerkt, wer welche Unterstützung bekommt. „Sie müssen den Nachweis erbringen, dass sie Sozialleistungen empfangen. Das ist der erste Schritt“, sagt Kara Schott und zeigt eine Karteikarte. Auf dieser Karte ist auch vermerkt, wie viele Tiere der Besitzer hat. Hier wird als Nachweis ein aktueller Impfpass verlangt. „Wir unterstützen pro Person bis zu vier Hunde. Und das aber auch nur, wenn die Hunde bereits vor einer Arbeitslosigkeit beim Hundebesitzer gewohnt haben.“ Hilfebedürftige, die sich einen Hund anschaffen, nachdem sie in eine soziale Notlage gekommen sind, werden abgewiesen. „Das mag sich hart anhören“, sagt die Leiterin der Ausgabestelle, „ aber das geht natürlich zu weit. Wir appellieren immer auch an die Eigenverantwortung der Menschen. Und wenn ich knapp bei Kasse bin und einen Hund nicht richtig durchbringen kann, darf ich mir keinen zweiten anschaffen.“ Denn auch die Tiertafel muss sorgsam mit ihren Mitteln umgehen. In der Hamburger Ausgabestelle sind zum Beispiel jeden Monat 1000 Euro Miete fällig. Ohne Spenden und die Unterstützung durch den IFAW (Internationaler Tierschutz-Fonds) kaum zu schaffen.

15:05 Uhr

Die IFAW-Tierärztin Alexandra Wenzel wirft einen kurzen Blick aus der Tür eines Nebenraumes im hinteren Bereich der Ausgabestelle. Wie viele Kunden heute vor der Tür warten, möchten sie und ihre Helferin wissen. Trotz der brütenden Sommerhitze vor dem Haus warten zwanzig Minuten vor Öffnung der Ausgabestelle bereits mehr als achtzig Hunde-, Katzen- und sonstige Tierhalter vor noch geschlossenen Türen. Dass es seit Mitte April 2013 eine Tierärztin gibt, die mit ihrem Team alle vier Wochen – also in jeder zweiten Ausgabe – Tiere untersucht, impft und manchmal sogar operiert, verdankt die Tiertafel dem IFAW.

Bobby passt auf, dass nichts verschwindet.

15:10 Uhr

Die grünen Tonnen sind mittlerweile randvoll mit Trockenfutter gefüllt, Bobby ist satt und hat es sich auf seiner Decke unter dem Ausgabetresen bequem gemacht. Derweil klärt IFAW-Pressesprecherin Dörte von der Reith auf: „Wir unterstützen die Tiertafel seit 2009. Im ersten Schritt haben wir einen Transporter gesponsert, damit die ehrenamtlichen Helfer nicht ständig mit ihren eigenen Autos Futter und Sachspenden transportieren müssen.“ Irgendwann wurde dann klar, dass der Bedarf nach einer Tierärztin besteht. Kara Schott: „Unsere Kunden müssen mindestens sechs Monate zu uns kommen, bevor sie die Tierärztin besuchen dürfen. Wir möchten nicht, dass Menschen ihre Hunde komplett durchimpfen und dann nie wieder kommen.“ Und den Tierarztbesuch gibt es nicht kostenlos. Da ein Tierarzt ein Honorar nehmen muss, weil er sonst gegen die Wettbewerbsvorschriften verstieße, wird während der Sprechstunden der Tiertafel der einfache Satz berechnet. Eine Hälfte zahlen die Kunden, die andere Hälfte wird vom IFAW bezahlt.

15:25 Uhr

„Wissen Sie“, sagt Dörte von der Reith, „nicht jeder, der hier in der Schlange steht, hat sein Schicksal selbst in der Hand.“ Während die ersten Kunden durch die Scheiben ins Innere des mit buntem Trubel erfüllten, ehemaligen Supermarktes schauen, berichtet sie vom Schicksal einer Kundin. „Guter Job, vermutlich eine Führungsposition, so Mitte 40. Und dann kommt plötzlich eine Nervenkrankheit, sie verliert ihren Job, wird an den Rollstuhl gefesselt und die soziale Spirale dreht sich immer weiter abwärts. Soll diese Frau etwa ihre Katze und ihren Hund abgeben, nur weil sie unverschuldet in eine Notlage gekommen ist?“ Diese Kundin, von der Dörte von der Reith erzählt, brauche die Tiertafel, weil mittlerweile alle Ersparnisse aufgebraucht seien. „Und die Tiere sind ja für viele der Kunden hier der letzte Anker in der Welt da draußen. Die Verantwortung, für sich und seine Tiere zu sorgen.“ Kara Schott und Karin Riebold ergänzen: „Zuhören ist genauso wichtig, wie die materielle Hilfe. Probleme klären, eine freundliches Wort, der persönliche Kontakt.“ Ein bisschen Menschlichkeit in den oftmals grauen Alltag der Kunden bringen: das haben sich die Helfer der Tiertafel ganz groß auf ihre Fahne geschrieben.

15:30 Uhr

Kara Schott öffnet die Türen der Ausgabestelle. Und wie von einem Magneten gezogen, leert sich der Parkplatz vor diesem leerstehenden kleinen Supermarkt, am Ende einer ruhigen Wohnstraße. Bis 19:00 Uhr sind die ehrenamtlichen Helfer von der Tiertafel und dem IFAW jetzt gefordert. Wie jeden zweiten Mittwoch im Monat, im Hamburger Nordosten.

Tiertafel Deutschland

Ausgabestelle Hamburg
Kara Schott, Leitung der Ausgabestelle
Tel.: 0162-1361169
Mail: hamburg@tiertafel.de
Web: www.tiertafel.de
Spendenkonto
Tiertafel Deutschland e. V.
Kontonummer: 3772852
Deutsche Bank
Bankleitzahl: 120 700 24
Verwendungszweck „Spende Hamburg“

Versicherung & Schutz

Wir geben es gerne zu: Es ist nicht unbedingt das spannendste Thema, darüber nachzudenken, was alles Schlimmes mit dem eigenen Hund passieren könnte. Aber ist nun einmal eine Tatsache, dass auf der Welt viele verdammt dumme Dinge passieren. Und zwar immer genau dann, wenn man gar nicht damit rechnet. Der Dackel bleibt im Dachsbau stecken, der junge Rüde rennt quer über die Straße der läufigen Dame seines Herzens hinterher. Versicherungen sind also auf jeden Fall ein Thema für Hundebesitzer. Und wie man seinen Hund wiederbekommt, wenn er mal verloren gegangen ist, das verrät ein Interview mit dem Verein TASSO. Und wenn ein Hund auf Sylt tatsächlich mal von der Feuerwehr gerettet werden muss, ist das in der Regel kostenlos.

„Lohnt sich eine Krankenversicherung für meinen Hund?“

„3.000 Euro hat die komplette Bandscheibenbehandlung im Herbst 2012 bei Takis gekostet. Das ging ganz schnell: MRT, Operation, die Medikamente, der Klinikaufenthalt. Im Anschluss an die OP, dann die Nachbehandlung beim Physiotherapeuten und beim Osteopathen.“ Rückblickend sagt Dörte Hauschild, dass sie bei ihrem nächsten Hund sicherlich darüber nachdenken wird, eine entsprechende Krankenversicherung oder wenigstens eine OP-Versicherung abzuschließen. Für Ihren Takis ging das vor seiner Operation nicht mehr, weil er bereits das Ausschlussalter vieler Versicherungen überschritten hatte. Viele Hundebesitzer sind sich bewusst darüber, dass ein Arztbesuch mit ihrem Vierbeiner ziemlich teuer werden kann. Kleine Wehwehchen reißen zwar noch kein Loch in die Haushaltskasse, aber was passiert eigentlich, wenn der Hund wirklich einmal ernsthaft erkrankt oder sogar eine Operation, wie bei Takis, ansteht? Man kann fast alles versichern. Aber lohnt sich das am Ende auch?

Neben der Krankenversicherung gibt es noch die OP-Versicherung

Nahezu ein Rundumsorglos-Paket ist die Krankenversicherung für den Hund. Die meisten Kosten beim Tierarzt werden von dieser Versicherung übernommen: Vorsorge, Untersuchungen, Impfungen, Wurmkuren, Kosten für Operationen und Medikamente und teilweise sogar die Kosten für Naturheilbehandlungen oder eine Physiotherapie. Dabei ist die Höhe der Beitragszahlung natürlich von unterschiedlichen Faktoren abhängig, wie dem Alter, der Größe, der Rasse und den Vorerkrankun-

3.000 Euro hat die Bandscheibenbehandlung bei Takis gekostet.

gen des Hundes. Für größere Hunde kommen da schnell rund 40 Euro im Monat zusammen. Ganz wichtig dabei: es gibt Versicherungen, die Hunde nur bis zu einer bestimmten Altersgrenze aufnehmen. In den meisten Fällen liegt diese Grenze bei sechs bis sieben Jahren. Als Hundehalter sollte man sich also gut überlegen, wann man eine Versicherung abschließt. Wem die monatlichen Kosten für eine Hunde-Krankenversicherung zu hoch erscheinen, der kann als Alternative dazu eine OP-Versicherung abschließen. Diese Art der Vorsorge deckt in den meisten Fällen die Kosten für eine Operation, die benötigten Medikamente und teilweise sogar den Klinikaufenthalt. Weitergehende Behandlungen und Untersuchungen werden von so einer OP-Versicherung allerdings nicht übernommen. Aber auch hier gilt: Es kommt immer auf den Hund, seine Gesundheit und den speziellen Einzelfall an. Am besten hält man vor dem Abschluss einer Hundekranken- oder OP-Versicherung ausführlich Rücksprache mit seinem Tierarzt. Denn der kann den Gesundheitszustand des Hundes am besten beurteilen und er kennt auch mögliche Vorerkrankungen, die unter Umständen zu veränderten Versicherungsbedingungen führen können. Eines ist jedoch ganz klar: Als verantwortungsvoller Hundebesitzer sollte man sich immer darüber im Klaren sein, dass ein Hund krank werden und dann viel, viel Geld kosten kann.

„Wer nicht hören will, muss zahlen!“

Was kostet die Tierrettung auf Sylt?

„Ob wir nun einen Austernfischer aus dem Gully retten oder eine Möwe, die sich im Zaun verfangen hat: In der Regel ist die Tierrettung bei uns kostenlos. Wem wollen Sie denn in diesen Fällen auch eine Rechnung schreiben? Dem aufmerksamen Bürger, der es gut meint und uns angerufen hat?“ Andreas Fließ hat Recht. Er ist Hauptbrandmeister und Dienstführer der Lister Feuerwehr. Die übrigens nicht, wie so viele Wehren auf dem Festland eine Freiwillige Feuerwehr ist, sondern eine Pflichtwehr. Das heißt, dass jede Listerin und jeder Lister vom vollendeten 18. bis zum vollendeten 50. Lebensjahr verpflichtet ist, ehrenamtlich Dienst in der Pflichtfeuerwehr der Gemeinde zu leisten. „Brandschutz ist ja Ländersache“, erklärt Andreas Fließ. Im Brandschutzgesetz ist zum Beispiel festgelegt, dass der Einsatz der öffentlichen Feuerwehren für die Geschädigten kostenlos ist. Also für Menschen, bei denen es brennt, oder die in Not sind, oder die die Feuerwehr anrufen, weil besagter Austernfischer im Gully festklemmt. Soweit § 29 Absatz 1 des Schleswig-Holsteinischen Brandschutzgesetzes in der Ausführung vom 10. Februar 1996. Absatz 2 regelt die Ausnahmen.

Und hier wird es interessant: Der Träger einer Feuerwehr, also eine Stadt, ein Landkreis oder zum Beispiel die Gemeinde List auf Sylt, kann für bestimmte Einsätze und Leistungen Gebühren oder privatrechtliche Entgelte erheben. So zum Beispiel bei „vorsätzlicher Verursachung von Gefahr und Schaden“ oder bei „vorsätzlicher grundloser Alarmierung der Feuerwehr“. Und bei vorsätzlicher Unbelehrbarkeit, wie Hauptbrandmeister Fließ verrät:

Bei vorsätzlicher Unbelehrbarkeit kann es teuer werden

„Wir hatten hier in der Gemeinde vor einigen Jahren einen Hundehalter, der uns angerufen hat, weil sich sein Hund in den Dünen in einem Fuchsloch eingegraben hat. Eigentlich hätte der da gar nicht ohne Leine laufen dürfen, weil das ja Naturschutzgebiet ist. Aber sei's drum: Wir sind ausgerückt und haben das Tier ausgegraben.“ Das, so der Wehrführer, hat den Hundehalter nichts gekostet. Denn auf die Erhebung von Gebühren für so einen Einsatz – siehe Absatz 2 – kann verzichtet werden. Genau das ist in diesem Fall auch geschehen. „Keine drei Tage später“, erinnert sich der Lister Feuerwehrmann im Gespräch mit FRED & OTTO, hat derselbe Hundehalter schon wieder angerufen: „Derselbe Hund im selben Fuchsbau.“ Nach einer durch die Kameraden erfolgten freundlichen Belehrung und der Bitte an den leinenlosen

Hundehalter, seinen Vierbeiner doch bitte a) zukünftig an der Leine zu führen und b) davon abzuhalten, weiterhin in Lister Fuchsbauten stecken zu bleiben, waren die Feuerwehrleute davon überzeugt, dass Hund und Halter sich ab sofort außerhalb des Naturschutzgebietes aufhalten würden. Von wegen! Kurze Zeit später hat das Telefon zum dritten Mal geklingelt und der Hund schon wieder in besagtem Fuchsbau festgesteckt. „Bei so viel Unbelehrbarkeit haben wir den dann folgenden Einsatz tatsächlich in Rechnung gestellt“.

Also aufpassen, aus welchem Grund man die Feuerwehr anruft: Bei eigener Doofheit darf man sich am Ende nicht wundern, wenn man zur Kasse gebeten wird. Im Extremfall kann das ziemlich teuer werden. Im November 2012 musste eine Tierärztin aus Berlin tief in die Tasche greifen, als der Abendspaziergang mit Terrier Skipper zur bis dato teuersten Tierrettung Berlins wurde. Skipper witterte in einem Waldstück einen Dachs und riss sich von der Leine los. Die Jagd endete für Skipper drei Meter unter der Erde im Dachsbau. Der Hund hatte sich mit der hinterhergeschliffenen Leine verheddert und kam nicht mehr von alleine an die Oberfläche. Also schnell die Berliner Feuerwehr angerufen und die kam dann auch postwendend: Mit einem technischen und personellen Großaufgebot. Insgesamt 40 Einsatzkräfte, unterstützt vom Technischen Hilfswerk, buddelten den gesamten Dachsbau frei. Nach sieben Stunden Plackerei sprang Skipper aus der immerhin schon drei Meter tiefen Grube in die Arme Ihrer Besitzerin. Diese traute allerdings ihren Ohren nicht, als der leitende Feuerwehrmann die von ihr zu tragenden Einsatzkosten auf etwa 10.000 Euro schätze. Am Ende sind 14.000 Euro dabei herausgekommen. Denn die Berliner Feuerwehr rechnet Einsätze der Tierrettung „minutengenau“ nach der „Feuerwehrbenutzungsgebührenordnung“ ab. Darin ist geregelt, dass z. B. ein Löschfahrzeug pro angefangener Minute 4,70 Euro kostet. Ein Kranwagen sogar 11,60 Euro pro Minute. Auch die Arbeitszeit des Feuerwehrpersonals wird in der Gebührenordnung auf den Cent genau beziffert.

Ein Feuerwehrmann wird mit 71 Cent pro Minute berechnet

So kostet ein Feuerwehrmann des technischen Einsatzdienstes pro Minute 71 Cent und ein Beamter im höheren Dienst 96 Cent. Da beim Einsatz in der besagten Novembernacht 40 Beamte über sieben Stunden arbeiteten, läpperten sich allein die Personalkosten auf über 10.000 Euro. Auch in List auf Sylt sind die Kosten für eine Rettungsaktion auf Grund der eingesetzten technischen Geräte und der menschlichen Helfer in absoluten Zahlen gerechnet ähnlich hoch. Umso erfreulicher, dass die Lister Feuerwehr die Kosten für Tierrettungen in ihrer Gemeinde – im Gegensatz zu Berlin – Hundebesitzern nicht in Rechnung stellt. Die Berliner Tierärztin ist übrigens auf den ca. 14.000 Euro sitzengeblieben, da ihre Versicherung den Betrag nicht übernommen hat.

„Vermisst & Gefunden“

Der Verein Tasso hilft seit über 30 Jahren, wenn Haustiere ausgebüchst sind

Die FRED & OTTO-Redaktion hat mit Andrea Thümmel über die Arbeit von Tasso gesprochen. Seit über 30 Jahren widmet sich TASSO im Tierschutz der Registrierung und Rückvermittlung entlaufener Tiere. So wird mittlerweile alle 10 Minuten ein entlaufenes Tier durch TASSO zurückvermittelt. Daneben unterstützt der Verein verschiedene Tierschutzprojekte im In- und Ausland. Mit seinen Kampagnen weist TASSO auf wichtige Themen rund um Hund (und Katze) hin.

Tasso-Plakette

Weshalb ist es so wichtig, sein Tier chippen und registrieren zu lassen?

Ohne die – übrigens kostenlose - Registrierung ist ein entlaufenes Tier so gut wie gar nicht an seinen Besitzer zurück zu vermitteln. Der Chip ist der Personalausweis des Tieres. Der dort gespeicherte 15-stellige Zahlencode wird bei TASSO mit den Tier- und Halterdaten in der Datenbank hinterlegt. So kann sekundenschnell eine Zuordnung eines entlaufenen Tieres zu seinem Besitzer erfolgen.

Muss man für das Registrieren tatsächlich immer noch so viel Öffentlichkeitsarbeit machen?

6,5 Millionen registrierte Tiere in unserer Datenbank hören sich natürlich nach viel an und die Tierärzte unterstützen uns auch seit Jahren mit Aufklärungsarbeit. Dennoch ist bisher nur knapp jedes zweite Tier bei TASSO registriert. Wenn man bedenkt, dass die Registrierung bei TASSO den deutschen Tierheimen Kosten in Millionenhöhe spart, wenn ein Ausreißer anstatt im Tierheim wieder zuhause landet, dann ist jede Art der Öffentlichkeitsarbeit wichtig und sinnvoll.

Wenn mein Hund weggelaufen ist: Wie bekomme ich ihn am schnellsten wieder?
Der erste Schritt im Verlustfall sollte immer sein, bei TASSO in der Notrufzentrale anzurufen. Dort ist 24 Stunden an 365 Tagen im Jahr ein Mitarbeiter erreichbar, der weiterhilft. Wenn das Tier unsere SOS-Halsbandplakette am Halsband trägt, kann der Finder Ihres Tieres uns anrufen. Die Zusammenführung von Finder und Besitzer geht dann meist ganz schnell. Wichtig ist in diesem Zusammenhang, keine private Telefonnummer bei der Suche nach dem Tier zu veröffentlichen. Wir erleben es immer wieder, dass das Erpresser auf den Plan ruft, die ein Tier nur dann zurückgeben, wenn ein Lösegeld gezahlt wird.

Wie sieht eigentlich der Alltag in der Tasso-Zentrale aus? Was sind das für Situationen, die man täglich erlebt?
Tierschutz ist immer mit Emotionen verbunden, auch nach 30 Jahren noch. Oft sind die Kollegen wahre Seelentröster, wenn ein Tier vermisst wird oder weniger erfreuliche Nachrichten übermittelt werden müssen; am nächsten Tag sind sie dann die Helden, wenn das Tier wieder da ist. Lachen und Weinen liegt da ganz nah beieinander und gehört fast schon zum Alltag.

Wie kam es eigentlich zur Gründung von Tasso?
TASSO wurde gegründet, um dem damals vorherrschenden Tierdiebstahl einen Riegel vorzuschieben. Das hat auch wunderbar funktioniert. Im Laufe der Jahre wurde die Rückvermittlung entlaufener Tier aber immer wichtiger.

Mittlerweile machen Sie ja wesentlich mehr als am Anfang. Wie kam es dazu?
Für viele Tierhalter ist TASSO der Ansprechpartner, wenn es um das Thema „Tier" geht - ganz gleich welcher Art. Neben der Registrierung rückten daher immer mehr Themen in den Vordergrund: Die Aufklärung über unseriöse Hundevermehrer in Deutschland zum Beispiel oder die Tatsache, dass man seinen Hund im Sommer nicht im verschlossenen Auto lässt. So entstand zum Beispiel auch unser eigenes Tier-Vermittlungsportal shelta, auf das Tierheime ihre Vermittlungstiere kostenlos einstellen können.

TASSO-Haustierzentralregister für die Bundesrepublik Deutschland e.V.

Frankfurter Str. 20
65795 Hattersheim
Tel.: 06190 - 937 300
Mail: info@tasso.net
Web: www.tasso.net

Sie können Tasso auch direkt unterstützen:
Spendenkonto
Nassauische Sparkasse
Konto: 238 054 907
BLZ: 510 500 15

Gesundheit & Wellness

Gesundheit und Wellness sind zwei ganz verschiedene Sachen. Bei dem einen Thema geht es zur Sache. Bei dem anderen kann man sagen „ist ja ganz schön, muss aber nicht sein". Wenn Hunde sich wohlfühlen und es ihnen gut geht, hat das natürlich auch Auswirkungen auf ihre Gesundheit. Ob Hundesalonbesuche jedermanns- pardon: hundessache sind, darf getrost bezweifelt werden. Manch ein Hundehalter schwört geradezu darauf, dass der Besuch im Hundesalon dazu gehört, wie die regelmäßige Tierarztvisite und die Wurmkur. Wenn es ernst werden sollte und sich der Hund (schwer) verletzt hat, dann ist schnelles Handeln angesagt. Erste Hilfe am Hund. Sind Sie fit? Und wo findet man eigentlich auf Sylt den nächsten Tierarzt? Wir haben in diesem Kapitel einige Aspekte herausgegriffen: Wie Wurmkuren auch den Menschen schützen und die immer wiederkehrende Frage bei Stadthunden: Kastration – ja oder nein?

„Scheren - Baden - Föhnen - Fertig!

Ein Besuch bei Pam und Steffi im Hundestudio in Tinnum

Pam und Steffi

Zwölf Uhr mittags. Eigentlich hatten Pamela Lask und Stefanie Jörgensen eine knappe halbe Stunde für den Besuch von FRED & OTTO in ihren unter einem Dach vereinten Geschäften „Pam's Hundesalon" und „Steffi's Hundestudio" eingeplant. Aber unverhofft kommt oft. Die Hütte ist voll, Hundedamen und Hundeherren wollen frisiert werden. „Das ist manchmal halt so", lachen die zwei Frauen, während eine von beiden Chicco, einen weißen Bichon Frisé frisch frisiert, und die andere einen gerade den Laden betretenden Kunden samt schwarzer Zwergpudeldame Mia begrüßt. „Und genau das zeichnet uns aus. Wenn die Möglichkeit besteht, können Kunden bei uns immer gerne auch einen kurzfristigen Termin vereinbaren. Oder wir legen zwischendurch schnell mal Hand bei unseren eigenen Hunden an." So herrscht dann eben immer Hochbetrieb beim Hundefrisör und Langeweile kommt gar nicht erst auf. „Macht die Mia mal wieder schön", bittet der Sylter, der gerade seinen Zwergpudel abgegeben hat. Und an die beiden Reporter gewandt: „Die wollt Ihr doch wohl nicht fotografieren, bevor sie vom Tisch runter ist, oder wollt ihr ein Vorher-/Nachher-Foto machen?" Warum eigentlich nicht. Der Pudel sieht sehr fotogen aus und macht nicht gerade einen kamerascheuen Eindruck. Über ein solches Modell freut sich der Fotograf. „Hundehalter freuen sich bei Pudeln ja eher darüber, dass sie sehr pflegeleichte Tiere sind", erzählt Stefanie Jörgensen. „Bolonkas auch, aber Pudel sind noch einfacher zu pflegen. Scheren, Baden, Föhnen: fertig.

Weil Pudel sehr standfestes Haar haben, sollten sie am Besten alle acht Wochen zur Schur gehen. Und bevor Ihr fragt: Ja, es stimmt tatsächlich: Ein Pudel verliert keine Haare." Alternativ zu einer Schur bieten die beiden Frauen für Pudel auch Handschnitte an. Klassisch, wie beim Frisör, mit der Sche-

Chicco ist ein Bichon Frisé, ein „Frisierter Schoßhund"

re, ganz abhängig davon, was der Hund mag und was nicht. Manchen Hunden macht die regelmäßige Pflege richtig Spaß, berichten die beiden Frauen. So kommt eine Kundin alle zwei Tage, um ihren Hund sorgsam ausbürsten zu lassen. Alle zwei Wochen wird das Tier gebadet. Schön für Tier und Halter, denn durch regelmäßiges Bürsten und Kämmen des Fells wird von Anfang an vermieden, dass Verknotungen und Verfilzungen und dadurch zeitaufwändige und für einen Hund anstrengende Pflegesitzungen im Hundesalon entstehen. „Natürlich gibt es Zeiten, in denen der Halter seinen eigenen Hund nicht regelmäßig bürsten kann", ergänzt Pamela Lask. „Die Gründe interessieren uns nicht. Wir kommen dann nicht mit dem erhobenen Zeigefinger an und schütteln mit dem Kopf. Für uns ist es nur wichtig, dass Herrchen oder Frauchen einfach einen Termin bei uns ausmachen, damit wir uns dann ums Bürsten kümmern können.

Mittlerweile hat sie Chicco auf den Fußboden gesetzt. Der „gelockte Schoßhund", so die Übersetzung seines Namens aus dem

Französischen, zieht sich schnell aus dem Trubel zurück und macht es sich an einem sonnigen Fleckchen in sicherer Entfernung zur Badewanne im hinteren Teil des Salons gemütlich. Von dort aus beobachtet er ganz genau das Geschehen und freut sich mit wachen Augen wahrscheinlich gerade darüber, dass ihm das „Schicksal" von Zwergpudeldame Mia erspart bleibt. Sie wird, nachdem sie mittlerweile wieder schön kurz geschoren ist, kurzerhand in den geräumigen Wasserbottich verfrachtet. Langsam saugt sich das schwarze Fell mit warmem Wasser voll und Mia sieht für einen kurzen Moment aus, wie ein begossener Pudel eben so aussieht. In dem Tinnumer Doppelsalon werden aber nicht nur Pudel gebadet: „Bei uns im Salon baden wir auch Labradore.

Wir baden auch Labradore

Bei denen föhnen wir die losen Haare dann aus. Besonders Hunderassen mit langem Haarkleid, mit dichter Unterwolle oder lockigem Haar benötigen intensive Fellpflege", erzählt Pamela Lask, während sie mit einer Hand den Brauseschlauch bedient und mit der anderen Hand die nasse Mia in Schach hält. Andere Rassen hingegen müssen unbedingt getrimmt werden. Dabei wird das abgestorbene Fell von Hand entfernt. Typischerweise machen die beiden das bei Cairn Terriern, Westhighland Terriern, Schnauzern, Rauhaardackeln und Parson Jack Russel Terriern. „Bei so kleinen Hunden, ist das Baden und das Föhnen hinterher gar kein Problem. Aber manchmal haben wir hier schon einen Kampf der Giganten. Nicht jeder Hund kann sich mit dem Element Wasser anfreunden und lässt sich gerne baden.

Also hier bei Mia sind wir mit der Rundumbehandlung in einer guten Stunde fertig. Bei anderen Rassen dauert das gerne auch mal doppelt so lange oder noch länger. Und wenn die dann auch noch etwas größer oder ein bisschen dickköpfig sind, ist schon viel Kraft nötig, um sie und ihr Fell zu bändigen." So benötigt ein Briard für das komplette Pflegeprogramm gut und gerne zweieinhalb Stunden, bis er wieder an seinen Halter zurückgegeben wird. Das allerdings nicht, weil er schwer zu handhaben ist, sondern weil sein Fell sehr aufwändig zu pflegen ist. Eine Rund-um-Sorglos-Sitzung kann bei so einem Hund dann auch schon einmal bis zu fünf Stunden dauern. Neben der Schur ist das Trimmen eine andere Möglichkeit, Hunde zu pflegen. „Das machen wir insbesondere bei solchen Rassen, die ein raues Fell haben", erklärt Stefanie Jörgensen. „Da wachsen aus einem Haarbalg mehrere Haare nacheinander, also in unterschiedlicher Länge. Das nennt man dann ‚Rolling Coat', also ‚rollendes Fell'. Ab einer gewissen Länge sind die Haare dann ‚reif' und müssen raus, um einem neuen Haar im Haarschaft Platz zu machen.

Beim Trimmen wird das Haar von Hand gezupft

Das wird durch das Trimmen unterstützt. Sonst würde der Hund sich immerzu an Bäumen oder Wänden reiben oder wälzen, um dieses Haar los zu werden. Wenn man so einen Hund scheren würde, bliebe das abgestorbene Haar im Haarbalg." Als Folge davon verlöre das Fell seine raue Struktur und seine Farbintensität. Das gesamte Haarkleid des Hundes wird beim Trimmen übrigens von Hand gezupft. Bei Pam und Steffi geschieht das mithilfe eines Trimmmessers oder Trimmsteins. Der unterschiedliche Pflegeaufwand erklärt auch die unterschiedlichen Stundensätze der beiden Damen. Je nach Aufwand werden von 45 bis 75 Euro pro Stunde in Rechnung gestellt. Zwischendurch ein Blick in Richtung Badewanne: Mia hat sich mittlerweile ans Wasser gewöhnt und genießt es sichtlich, mit speziellem Hundeshampoo eingeseift zu werden. Hundeshampoo, weil die Vierbeiner im Gegensatz zu Menschen keinen Säureschutzmantel haben. „Es gibt leider immer noch Kunden, die glauben, sie würden ihrem Hund etwas Gutes tun, wenn sie ihn mit Babyshampoo waschen. Keine Ahnung, was das soll", schüttelt Pamela Lask den Kopf.

Erst wird Mia geschoren, dann gebadet

Dabei ist es nicht nur wichtig, seinen Hund regelmäßig alle drei Monate, sondern vor allem auch mit dem richtigen Shampoo zu baden. „Stell Dir mal vor, Du würdest nackig auf allen Vieren eine Woche lang auf der Straße herumlaufen. Und dann wirst Du auch noch mit Shampoo gewaschen, das Deine Haut irritiert. Nicht schön, oder? Und der Hund läuft ja immer auf der Höhe der Autoabgase. Die und Umweltgifte setzen sich ganz schnell im Fell ab." Mia ist gerade fertig geföhnt worden und hat so gar nichts mehr von einem begossenen Pudel. In der Zwischenzeit ist auch Mias Herrchen wieder eingetroffen und hat Frauchen mitgebracht. Die beiden Insulaner freuen sich über das Ergebnis und nehmen den frisch geschorenen Pudel wieder mit nach Hause. Ja, verraten die beiden im Vorbeigehen, sie kommen regelmäßig hierher.

Weil die Stimmung im Salon gut ist, die Arbeit perfekt ausgeführt wird und die Preise stimmen. „Das mit der guten Stimmung entscheidet sich immer an der Tür", sagt Pamela Lask. Wie zur Bestätigung nickt Stefanie Jörgensen und ergänzt: „Wenn die Hundehalter entspannt und nicht gehetzt sind, dann strahlt das natürlich auch auf die Hunde aus." Eigentlich gibt es nur ein Thema, bei denen die beiden Damen richtig in Rage kommen. Nämlich bei der Frage, was sie von lackierten Hundenägeln halten. Wie im Chor schütteln bei den Kopf: „Unmöglich so was. Wir sind seriös! Bei uns gibt es keinen Nagellack für Hundekrallen. Niemals. Ende."

Pam´s Hundesalon & Steffi´s Hundestudio

Keitumer Landstraße 10b
25980 Sylt OT-Tinnum
Tel.: 04651-35806
Pam: 0172-7208653
Steffi: 0170-5511681
Mail: steffi@phush-sylt.de
Web: www.phush-sylt.de

„Auch Hunde haben Hexenschuss“

Tierphysiotherapeutin Ulrike Grasedieck hilft Hunden auf die Pfoten

Jackie weiß, dass es gleich losgeht

Das Erste, was einem beim Betreten von Ulrike Grasediecks Praxis auffällt, ist ein riesiger Glaskasten mit integriertem Laufband, der knapp ein Drittel der Grundfläche des hellen und freundlich eingerichteten Raumes einnimmt. Vorausgesetzt, James lässt einen eintreten. James ist kein Butler, der einem freundlich die Tür öffnet. Nein, James ist ein schwarzer, sich wild freuender und um den Besucher herumwuselnder Labrador. Schaut man sich weiter um, sieht man auf dem Boden eine blaue Behandlungsmatte. Links, hinter einem gut gefüllten Bücherregal stehen in einer Ecke des Raumes verschiedene Trainingsgeräte: Wackelbrett, Slalomstangen und Cavalettistangen. „Ich bin jetzt seit sieben Jahren hier oben auf der Insel und in diesem Jahr, also 2013, merke ich, dass ich akzeptiert werde“, erzählt Ulrike Grasedieck, während sie sich nach der Begrüßung im Schneidersitz auf die blaue Behandlungsmatte gesetzt hat, eine Tasse mit dampfendem Tee in beiden Händen haltend. Labrador James, zur Begrüßung vor wenigen Minuten noch ein Ausbund an übersprudelnder Freude, liegt mittlerweile entspannt neben der Tierphysiotherapeutin. „Die alteingesessenen Sylter sind mir und dem, was ich mache, zu Anfang mit großer Skepsis begegnet“, erzählt die gebürtige Bochumerin. Mittlerweile hat sich das gegeben, so Ulrike Grasedieck weiter. Heute kommen die Patienten mit ihren Haltern teilweise sogar zuerst zu ihr, wenn ihr Hund oder Haustier lahmt. Noch bevor sie einen der drei Inseltierärzte konsultieren. „Ich sehe mich nicht als Konkurrenz zu den Tierärzten auf der Insel. Wir ergänzen uns.“ Die Tierärzte sehen das übrigens genauso.

Wer die Tierphysiotherapeutin mit seinem Hund besucht, für dessen Vierbeiner führt der erste Weg auf die blaue Behandlungsmatte. Sie legt Hand an und massiert das Tier, um dabei einen ersten Befund vorzunehmen. „Anhand bestimmter Bewegungen, die der Hund dann mitmacht oder eben verweigert, kann ich feststellen, wo ihm etwas wehtut.“ 95 Prozent ihrer Patienten sind Hunde. Wobei sie auch nicht davor zurückschreckt, bei einer Wüstenrennmaus eine Verspannung im Nacken zu lösen. „Das ist zwar erst einmal vorgekommen, aber anstatt mit zwei Händen habe ich da dann eben mit zwei Fingern vorsichtig gearbeitet.“ Viele Symptome erfühlt Ulrike Grasedieck auch, wenn sie den Hund massiert: „Das macht ganz einfach die Berufserfahrung, dass ich sagen kann: Hier im Rücken ist etwas, oder da ist eher etwas an der Bandscheibe oder dort wächst eine Spondylose.“ Die hohe Kunst besteht darin herauszufinden, ob hinter dem Schmerz, den der Hund verspürt, , nur’ ein verkürzter Muskel steckt oder ob sich da ein größeres gesundheitliches Problem versteckt. Die Qualität ihrer Arbeit spricht sich herum. An den unterschiedlichsten Stellen ist der Name Ulrike Grasedieck gefallen, wenn es um eine kompetente physiotherapeutische Behandlung auf Sylt ging. „Und das ist ja das Schöne an meinem Beruf: Die Menschen, die meine Praxis verlassen, freuen sich, dass es ihrem Hund wieder spürbar besser geht.“ Und die

An Tagen wie diesen, bekommt Jackie weniger Futter, weil sie auf dem Laufband mehr Leckerlis als sonst isst.

meisten Menschen, die die Praxis im Westerländer Norden besuchen, können es kaum glauben, wenn Ulrike Grasediecks Diagnose lautet: „Ihr Hund hat einen Hexenschuss!“ Ja, auch Hunde können einen Hexenschuss bekommen. Das Lösen einer Gelenkblockade durch die fachkundigen Therapeutenhände bringt für den Hund eine sofortige Entspannung. „Die hecheln dann noch ein bisschen, bewegen sich fast ein wenig ungläubig und wenn die Tiere merken, dass es Ihnen wieder besser geht, dann legen sie sich wieder hin und scheinen zu sagen ‚Jetzt darfst Du gerne noch ein bisschen weitermachen’“. Dann, so schmunzelt Ulrike Grasedieck, heißt das Ganze , Wellness’.

Und tatsächlich: Eine Kundin kommt regelmäßig mit ihrer Boxerhündin vorbei und lässt sie massieren. Erst kam sie nur zum Gelenkblockadenlösen und mittlerweile sagt sie „Ich gönne ihr das. Schließlich gehe ich ja auch hin und wieder ins Spa und lasse es mir gut gehen." Neben dieser klassischen Massage hilft Ulrike Grasedieck ihren vierbeinigen Patienten auch mit Elektro- und Magnetfeldtherapie oder mit Laser- und Ultraschalltherapie. „So kann ich verhindern, dass Spätfolgen entstehen." Die Türklingel unterbricht das Gespräch. James ist schlagartig hellwach und teilt noch einmal ganz aufgeregt mit, dass es gerade geklingelt hat. Der nächste Patient steht vor der Tür. Ein paar Tage später, am selben Ort. Von James ist heute nichts zu sehen und nichts zu hören. Dafür ist Jackie, eine elf Monate alte Golden Retriever Hündin zur Behandlung bei Ulrike Grasedieck. Aber nicht auf der blauen Matte, denn die liegt eingerollt an der Seite. „Das haben wir schon hinter uns", erzählt die Halterin Anička Vogt. Nach einem anstrengenden Arbeitstag in der Kupferkanne ist sie schnell nach Hause gefahren, hat Jackie abgeholt und jetzt, um kurz vor 19:00 Uhr sind die beiden in Westerland angekommen. „Ich bin heute zum 22. Mal hier und die Fortschritte sind einfach umwerfend und außergewöhnlich." So außergewöhnlich wie die Behandlungsgeräte in der Praxis. Denn das Aquarium mit Laufband ist ein Unterwasserlaufband für Hunde. Jackie scheint im ersten Moment nicht so wirklich begeistert zu sein von dem Gedanken, freiwillig in das zwar warme aber offensichtlich doch irgendwie unangenehme Nass zu steigen. Dabei steigt sie genau genommen gar nicht ins Wasser. Das Wasser steigt um Jackie herum. Nachdem die massive Glasscheibe geöffnet und eine robuste Gummimatte auf die heruntergeklappte und nun als Rampe funktionierende Scheibe gelegt wurde, konnte Jackie das Laufband bequem besteigen. Anička Vogt greift in eine große runde, blaue Dose, die auf der oberen Ablage des Hundelaufbandes steht und zaubert ein Leckerli hervor, das Sie Jackie vor die aufgeregt schnuppernde Hundenase hält. Eine große Motivationshilfe. „Hunde laufen ja nicht über durchsichtiges Glas. Die denken dann, da wäre nichts und wir würden Jackie im Leben nicht aufs Laufband bekommen", erzählt Anička Vogt, während Jackie es sich auf dem Laufband mit der Nase in Richtung Leckerli bequem macht und Ulrike Grasedieck die Matte wieder entfernt, um die Glasscheibe zurückklappen und das Becken verschließen zu können.

Aquajogging verknüpft zwei wichtige Ansätze

Die Physiotherapeutin dreht an unterschiedlichen Hähnen und Reglern, um die Wasserzufuhr und die Temperatur des Beckens zu regeln. Das Wasser steigt und als es ungefähr hüfthoch im Becken steht, startet Ulrike Grasedieck mit einem Knopfdruck das Band. Jackie trottet brav dem Leckerli hinterher und schafft es, alle fünfzig, sechzig Meter, eines davon zu schnappen. „Wenn wir abends hier sind, bekommt sie tagsüber weniger zu Essen als an normalen Tagen", erzählt Anička Vogt. Verständlich, denn im Laufe dieser 16-minütigen Laufbandwanderung verschwinden einige der kleinen Leberwurstkekse auf Nimmerwiedersehen in Jackies Maul. „Wir haben mit zweiminütigen Einheiten angefangen", erklärt Ulrike Grasedieck, „mittlerweile sind wir bei einer guten Viertelstunde

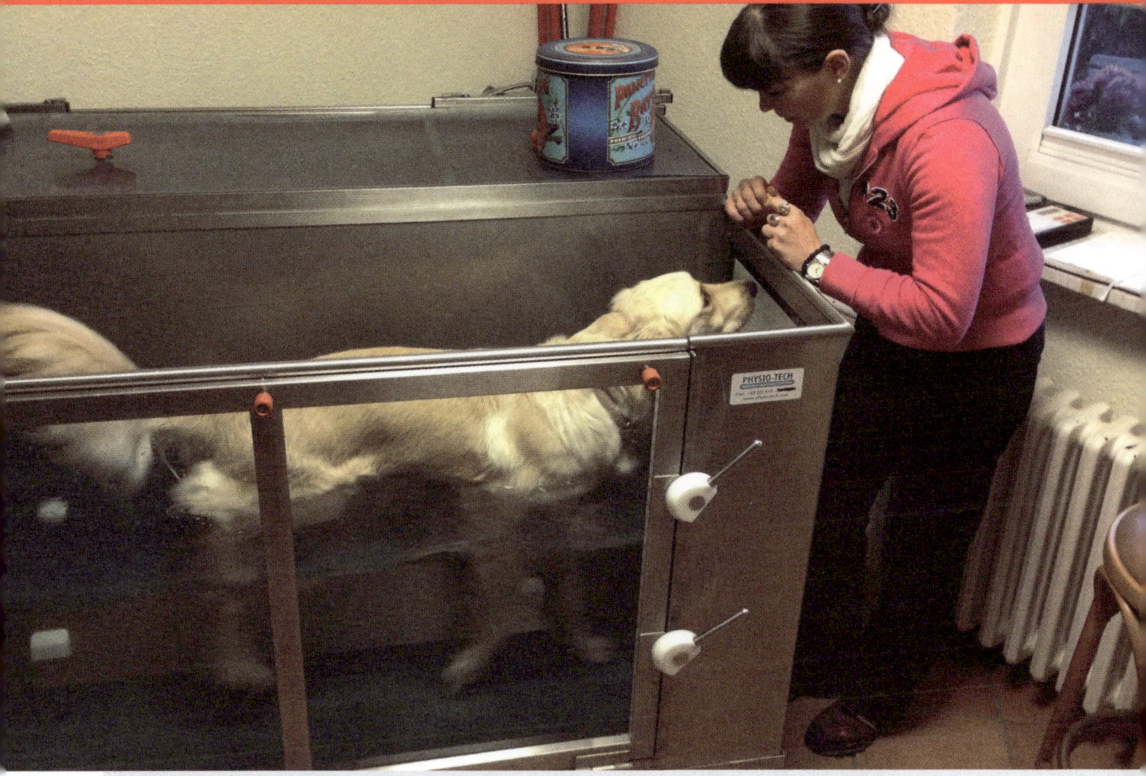

Anička Vogt ist stolz auf Jackie. 407 Meter in 12 Minuten. Und das quasi unter Wasser

und am Ende der Therapie sollte Jackie es schaffen, dreißig Minuten auf dem Laufband zu gehen.“ Sie beschreibt die Vorteile, die das Training auf dem Laufband für den Hund bedeuten: „Hier werden zwei wichtige Ansätze verknüpft. Zum Einen spürt der Hund sein Gewicht nicht, wenn er im Wasser läuft, da er ja quasi im Wasser schwebt. Das schont die Gelenke und dadurch verspürt er beim Laufen auch keine Schmerzen. Und dann ist da natürlich der Widerstand, den das Wasser beim Laufen hervorruft. Versuchen Sie doch mal, in einem Schwimmbad zu gehen. Also Aquajogging zu machen. Das ist enorm schwer und trainiert die Muskeln, die sich auf Grund einer Schonhaltung zurückgebildet haben. Nichts anderes geschieht beim Hund.“ Jackie scheint ihre sechzehn Minuten sichtlich genossen zu haben. Nachdem das Wasser aus dem Becken abgelassen worden ist, wird der Hund ordentlich trockengerubbelt und kann dann aus dem leeren Becken steigen. Wieder über die mit einer Matte verkleidete Glasscheibe. Feierabend. Für Jackie, für Anička Vogt und für Ulrike Grasedieck.

Ulrike Grasedieck

Praxis für Tierphysiotherapie und
Tier-Rehabilitation Sylt
Hoyerweg 25
25980 Westerland
Tel.: 04651-4490218
Mail: info@tierphysio-sylt.de
Web: www.tierphysio-sylt.de

„Der Doktor und das liebe Vieh“

Wenn der Spaziergang in der Katastrophe endet

„Ich hätte nie gedacht, dass ich mal bei einem Hund eine Mund-zu-Mund-Beatmung machen würde. Aber wenn Du mit einem Hund unterwegs bist, hast Du einfach eine tierische Verantwortung.“ Und manchmal muss man diese Verantwortung wahrnehmen, ohne groß weiter darüber nachzudenken.

Dörte Hauschild erinnert sich noch gut an diesen einen Tag im September des Jahres 2005. Mit den vier Hunden Max, Takis, Zero, Jack und einigen Freunden war sie an der Nordsee unterwegs. „Für die Hunde war es ideal: sie konnten am Wasser toben und über den Strand rennen. Abends hatten sie richtig panierte Schnauzen“, erinnert sich Dörte Hauschild. Ihr Jagdhund-Mix Takis hat die Angewohnheit, sich beim Spielen auf den Rücken zu drehen, was typisch für häufig scheue und ängstliche Straßenhunde aus Südeuropa ist. Sie signalisieren damit ihre sofortige Unterwürfigkeit. Beim Spielen mit dem Jack, dem Riesenschnauzer, hatte sich Takis wieder einmal auf den Rücken gedreht. Jacks Unterkiefer verfing sich dabei in Takis Halsband und schnürte dieses immer weiter zu. Takis hatte zu der Zeit nämlich ein sich selbst zusammenziehendes Halsband aus Stoff umgelegt, weil Dörte Hauschild dabei war, ihm so das ständige Ziehen und Zerren abzugewöhnen.

Mund-zu-Mund-Beatmung beim Hund

Der Unterkiefer des Schnauzers hatte sich inzwischen so fest mit dem Halsband um Takis Hals gedreht, dass dieser schließlich bewusstlos am Strand lag. „Zum Glück bin ich ausgebildete Krankenschwester“, erzählt die Hamburgerin mit einem Schmunzeln. „Hundeschnauze zudrücken, tief einatmen und dann in die Hundenase hinein pusten. Das habe ich zwei, drei Mal gemacht und dazu eine Herzdruckmassage. Nach ein paar Minuten hechelte er dann wieder, räkelte sich und setzte sich auf.“ Dörte Hauschild hatte Takis dann im Ferienhaus auf das Sofa gelegt, damit er sich ein bisschen ausruht. Und nur drei-

Takis und Max: Wenn aus Spiel plötzlich bitterer Ernst wird

ßig Minuten später, erinnert sie sich, war er schon wieder putzmunter und wollte raus an den Strand, mit den anderen Hunden spielen.

Nicht immer ist eine Verletzung oder ein Unfall mit dem Hund so dramatisch, wie oben geschildert. Aber auch bei kleineren Wehwehchen, mitten im Grünen und fernab der Zivilisation ist guter Rat teuer.

Und wie man sich am besten in solch einer Situation verhält, erklärt Dr. Tina Hölscher, Tierärztin bei „aktion tier". Denn natürlich hängt die richtige Erste Hilfe von der Art der Verletzung ab.

Pfotenverletzungen durch Scherben und andere scharfe Gegenstände bluten fürchterlich. Das ist gut so. Die Blutung spült Verunreinigungen aus der Wunde. Wenn möglich, sollte der Tierhalter mit kaltem, sauberem Wasser nachspülen. Nun kann er für den Transport zum Tierarzt einen provisorischen Verband anlegen. Dieser sollte im Zweifelsfall lieber zu locker als zu eng sein. Die Wunde an sich deckt der Halter mit einem sauberen Taschentuch ab. Die nächste Schicht dient der Polsterung. Hierzu kann Watte, Stoff oder anderes weiches Material verwendet werden. Oben drauf kommt nun der eigentliche Wickelverband. Muss der Verbandsschutz länger als eine

Stunde auf der Pfote verbleiben, ist es unabdingbar, zwischen den einzelnen Zehen eine Polsterung einzulegen.

Verband lieber zu locker als zu eng

Das ist nicht ganz einfach. Dabei darf am Vorderfuß die Daumenkralle nicht vergessen werden! Unterbleibt diese Extrapolsterung, entwickeln sich innerhalb kurzer Zeit Entzündungen zwischen den Zehen. So versorgt geht es nun zum Tierarzt. Der kann entscheiden, ob genäht werden muss oder nicht. Insektenstiche treten vor allem in den Sommermonaten auf. Wirklich lebensbedrohlich gefährdet durch Stiche sind jedoch nur allergische Tiere. Doch leider weiß man erst hinterher, ob sein Tier überempfindlich reagiert. Daher sollte jeder Stich so gut als möglich gekühlt werden. Bei Stichen im Bereich der Maulhöhle ist in jedem Fall unverzüglich ein Tierarzt aufzusuchen. Durch Medikamente kann er Schwellungen der Atemwege entgegenwirken. Weiß der Besitzer um eine entsprechende Empfindlichkeit seines Tieres, ist es sicherer, Notfall-Medikamente zumindest im Sommer ständig mit sich zu führen. Läsionen durch Stöckchenwerfen stehen auf der Häufigkeitsskala ebenfalls ganz oben. Dringen Äste oder Teile davon in den Körper ein, spricht man von einer Pfählungsverletzung. So etwas kann übel ausgehen, vor allem dann, wenn der Stock nicht in Gänze wieder entfernt werden kann, und kleine oder auch große Spreißel im Hals stecken bleiben. Sie verursachen Schwellungen und Entzündungen, die nur dann in den Griff zu bekommen sind, wenn das auslösende Agens – sprich das Holzteil – durch eine Operation entfernt wird.

Maulhöhle gründlich absuchen

Hat der Besitzer den Verdacht, es könnten sich Spielzeugreste welcher Art auch immer im Maul befinden, muss die Maulhöhle bei gutem Licht gründlich abgesucht werden. Ist der Hund das gewohnt, macht er dieses Prozedere gut mit. Daher sollte so etwas geübt werden, bevor der Ernstfall eintritt. Entdeckt der Besitzer Stöckchenüberbleibsel, müssen die raus. Schafft er es nicht alleine, bleibt doch nur wieder der Gang zum Tierarzt. Der kann den Hund im ungünstigsten Fall narkotisieren und mittels Endoskop Fremdkörper herausholen. Kleinere Verletzungen mit Schürfcharakter durch Raufereien heilen in der Regel von alleine ab. Desinfektion und Schur der Umgebungshaare unterstützen die Heilung. Werden Wunden jedoch rot, dick, schmerzhaft oder tritt Flüssigkeit aus, hat sich die Sache entzündet und muss tierärztlich behandelt werden. Bei Beißereien können immer auch innere Verletzungen entstehen. Wirkt der Hund matt, frisst schlecht und/ oder hat blasse Mundschleimhäute, muss er zum Arzt, auch wenn von außen alles unversehrt erscheint. Augenverletzungen sollten grundsätzlich tierärztlich abgeklärt werden. Hier kann der Halter – außer er ist selber vom Fach – keinesfalls ernste von harmlosen Schädigungen abgrenzen. Da sich Verletzungen des Auges oft schnell verschlechtern, dürfen Halter hier im eigenen Interesse mit dem Tierarztbesuch nicht warten.

Beim Tierarzt oder im Zoofachhandel können Erste-Hilfe-Sets käuflich erworben werden. So hat man im Ernstfall das Notwendigste dabei. Ein schönes Geschenk für den nächsten Hundegeburtstag!

„Kastration – ja oder nein?“

Die Sylter Tierärztin Ivonne von Kobilinski im Interview

Bei einer Hündin bietet die Kastration eine gewisse Prophylaxe vor Mammatumoren

Die Frage stellt sich unter Hundebesitzern immer mal wieder in schöner Regelmäßigkeit: Soll man seinen Hund kastrieren lassen oder nicht? „Funktioniert“ der Hund dann besser? Werden Aggressionen und Beißereien dadurch tatsächlich verhindert? Das ist keine leichte Frage, bei deren Beantwortung schnell zwei Welten auf einander prallen. Aus ethischer Sicht wird kritisiert, dass ein Hund nicht „zurechtoperiert“ werden sollte, nur damit er seinem Besitzer passt. Tiertrainer und Tierärzte verweisen darauf, dass eine Kastration vorschnell als Lösung gewählt wird, wo vielleicht eher ausdauerndes Training und sehr viel Geduld und Konsequenz gefragt wären. Eine Amputation – und nichts anderes ist eine Kastration, weil dazu Organe entnommen werden – ist nach § 6.1.1 des Tierschutzgesetzes grundsätzlich verboten.

Ausgenommen davon ist eine Kastration aus gesundheitlichen Gründen, die nach einer tierärztlichen Indikation vorgenommen wird. Dazu gehören zum Beispiel eine Gebärmutterentzündung oder wenn eine unkontrollierte Vermehrung eingedämmt werden soll. Wichtig ist, dass bei der Entscheidung für oder gegen eine Kastration zahlreiche Gesichtspunkte berücksichtigt werden müssen. Ein intensives Beratungsgespräch mit dem Haustierarzt ist im Vorfeld auf jeden Fall notwendig.

Wir haben mit der Sylter Tierärztin Ivonne von Kobilinski in Tinnum gesprochen. Sie betreibt dort eine Praxis für Klein- Heim- und Großtiere.

Was versteht man eigentlich unter einer Kastration?

„Wir unterscheiden zwischen einer Kastration und einer Sterilisation. Von einer Kastration spricht man, wenn die Keimdrüsen entfernt werden. Also die Hoden beim Rüden und die Eierstöcke bei einer Hündin. Die daraus resultierenden Folgen sind Unfruchtbarkeit und der Wegfall der Sexualhormone und des Sexualverhaltens. Bei einer Sterilisation werden die keimzellführenden Organe durchtrennt. Das sind beim Rüden die Samenleiter und bei der Hündin die Eileiter. Das hat zur Folge, dass die Tiere zwar unfruchtbar werden, die Sexualhormone und der Sexualtrieb aber noch vorhanden sind."

Mit welchen Folgen ist nach einer Kastration zu rechnen?

„Neben der gewollten Unfruchtbarkeit muss immer auch mit Fellveränderungen und einer gewissen Gewichtszunahme gerechnet werden. Das hat damit zu tun, dass der Stoffwechsel ohne die Sexualhormone anders arbeitet. Der Instinkt, sich fortzupflanzen entfällt. Das heißt, dass der nächste Instinkt, zu fressen, um zu überleben, stärker hervortritt. Bei älteren Hündinnen, die mehr als 20 Kilogramm wiegen, steigt das Risiko für eine Inkontinenz. Das betrifft in den meisten Fällen tatsächlich nur Hündinnen. Bei Rüden ist das eher selten, kommt aber dennoch vor. Des Weiteren kann das Auftreten einer sogenannten Hypothyrose, einer Schilddrüsen-Unterfunktion, begünstigt werden. Aber auch das tritt meistens im fortgeschrittenen Alter auf, ungefähr ab dem achten Lebensjahr. Einer Gewichtszunahme kann in erster Linie über ausreichend Bewegung und über weniger energiereiches Futter entgegengewirkt werden. Inkontinenz und Hypothyreose können medikamentös behandelt werden."

Gibt es neben den beschriebenen noch weitere Vorteile?

„Ja. Bei der Hündin bietet die Kastration eine gewisse Prophylaxe vor Mammatumoren, wenn die Operation vor, bzw. um die erste Läufigkeit herum stattfindet. Das gilt insbesondere für Hündinnen, die zur Scheinträchtigkeit neigen. Durch eine Kastration sinkt darüber hinaus das Risiko, an Gebärmutterentzündung, und Gebärmuttertumoren zu erkranken. Und drittens bietet die Operation Schutz vor hormonell bedingtem Diabetes. Bei Rüden schützt eine Kastration vor Prostataerkrankungen. Wir empfehlen den Eingriff auch bei Epilepsie, da hier die Sexualhormone das Anfallsgeschehen verstärken können."

Was raten Sie Hundebesitzern, die an eine Kastration denken?

„Als Hundebesitzer dürfen Sie eins nicht vergessen: Eine Kastration ist ein nicht reversibler Eingriff, der nie wieder rückgängig gemacht werden kann und deshalb gut überlegt werden sollte. Neben dem Narkoserisiko gibt es eben auch andere negative Folgen. Die haben wir ja bereits angesprochen. Zum Glück werden aber heute nicht mehr alle Hunde wahllos kastriert. Die Läufigkeit der Hündin ist beispielsweise etwas ganz Natürliches. Bei vielen Tierhaltern passt sie aber oft aus organisatorischen und auch aus hygienischen Gründen nicht in deren Alltag. Deshalb entscheiden sich viele Hundebesitzer für die OP. In unserer Praxis kastrieren wir Hündinnen erst ca. drei Monate nach der ersten Läufigkeit, statt bereits mit sechs Monaten. Für uns ist es ganz wichtig, dass die Hündinnen eine gewisse soziale Reife erreichen sollten, statt im „Puppy-Verhalten" zu verbleiben. Außerdem vermeiden wir damit eine Vulva-Hypoplasie, die oft zu Hautirritationen im Vaginalbereich führen kann.

Auch bei Rüden gilt bei uns kein allgemeines Kastrationsgebot. Nur wenn die Rüden hormonell bedingt problematisch werden, zu Aggressivität neigen oder ganz einfach „Liebeskrank" sind, empfehlen wir die Kastration bis spätestens zum zweiten Lebensjahr. Denn Sie müssen Eines wissen: Je älter der Rüde ist, desto eher sind Verhaltensmuster erlernt. Dazu gehören auch die Muster, die früher mal durch Sexualhormone gesteuert waren. Wie zum Beispiel die Aggressivität anderen Rüden gegenüber. Wenn Sie sich nicht sicher sind, ob das Verhalten Ihres Rüden hormonell bedingt oder veranlagt ist, empfehlen wir die Möglichkeit einer sogenannten „chemischen Kastration". Die ist reversibel, hat aber den gleichen Effekt, wie eine chirurgische Kastration. Wir setzen dafür einen Chip per Injektion unter die Haut. Dieser Chip löst sich nach und nach auf und sendet dabei einen Botenstoff an das Gehirn. Dieser Botenstoff bewirkt das Herunterfahren der Testosteronproduktion im Hoden.

Wenn der Rüde das ungewünschte Verhalten dann nicht mehr zeigt, ist eine Kastration sinnvoll. Wenn der Rüde sein Verhalten nicht ändert, dann ist das Verhalten nicht hormonell sondern verhaltensbedingt und eine Kastration würde nicht helfen. Ganz im Gegenteil: Bei unsicheren Hunden – egal ob Männlein oder Weiblein – kann eine Kastration die Unsicherheit und die damit gegebenenfalls verbundene Aggressivität noch steigern!"

Was hat es mit der weit verbreiteten Meinung auf sich, dass ein Hund nach der Kastration ruhiger und besser erziehbar sei?

„Das können Sie so nicht verallgemeinern! Wie ich es ja schon beschrieben habe, sind nicht alle Verhaltensprobleme hormonell bedingt, sondern können auch einen genetischen Ursprung haben. ABER: Rüden, die einen starken Sexualtrieb haben, wollen sich unbedingt fortpflanzen und schalten deshalb bei der Erziehung gerne auf „Durchzug". Eltern mit Jugendlichen in der Pubertät wissen, wovon ich spreche. Wenn also beim Rüden durch eine Kastration die Sexualhormone wegfallen, wird der Kopf des Hundes wieder frei für Anderes. Der Hund wird zugänglicher für die Erziehung. Ich möchte trotzdem ganz eindringlich darauf hinweisen, dass eine Kastration eine konsequente und disziplinierte Erziehung nicht ersetzen kann! Auch der Glaube, dass ein bei einigen Hunden ausgeprägtes Jagdverhalten durch eine Kastration behoben würde, ist schlichtweg falsch."

Wie läuft eine Kastration ab? Kann ich meinen Hund darauf vorbereiten?

„Bei einem Rüden wird die Operation unter Vollnarkose durchgeführt. Die Kast-

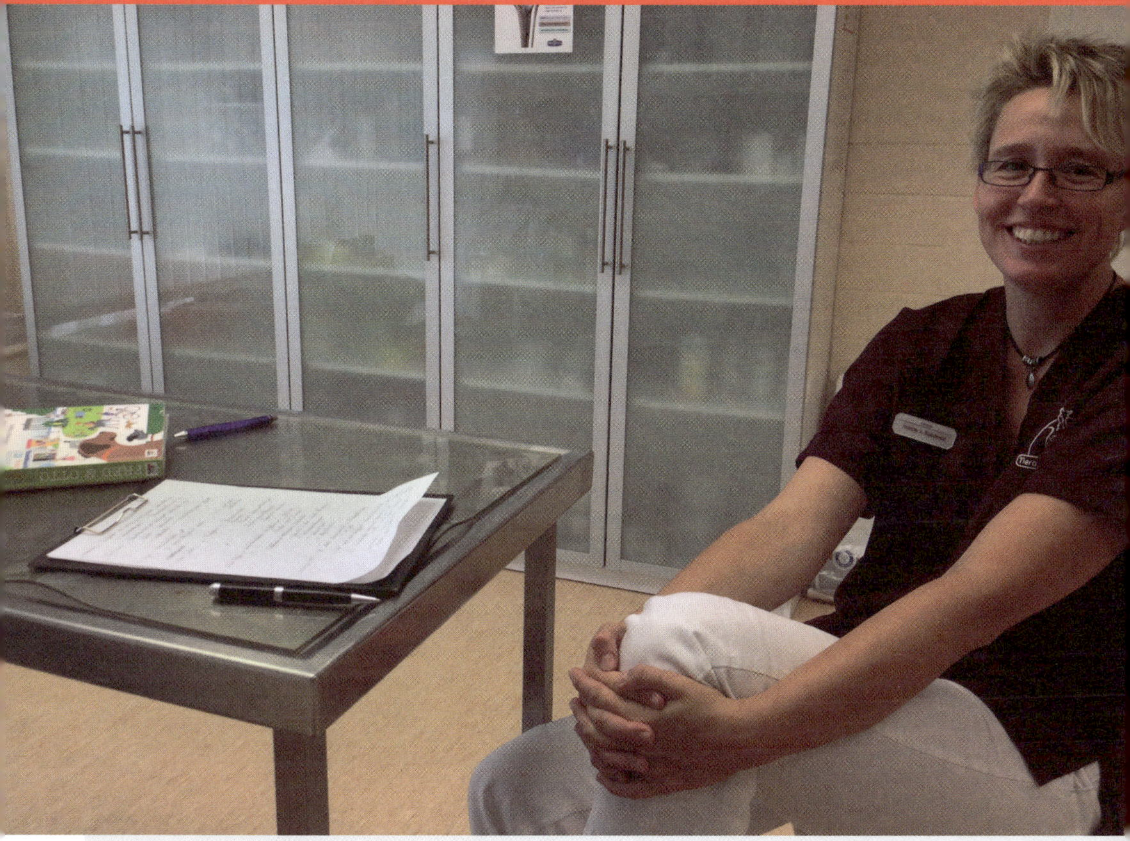

Ivonne von Kobilinski in ihrer Praxis: „Kastration behebt keine Verhaltensprobleme"

ration erfolgt über einen kleinen Hautschnitt vor dem Hodensack, ohne dass die Bauchhöhle geöffnet werden muss. Auch eine Hündin wird unter Vollnarkose operiert. Hier muss die Bauchhöhle geöffnet werden, da die Eierstöcke hoch oben am Rücken hinter den Nieren liegen. Vor einer Operation untersuchen wir den Hund auf seine Narkosetauglichkeit. Und – wie bei uns Menschen auch – muss das Tier am Tag der OP nüchtern sein. Wir wählen für jeden Patienten die bestverträglichste Narkosevariante aus. Nach einer kurzen Einleitung per Injektion durch einen venösen Dauerzugang, wird die Narkose durch eine sogenannte „Inhalationsnarkose" aufrechterhalten. Dabei atmet Ihr Hund Sauerstoff und Narkosegas über einen eingeführten Tubus ein. Diese Art der Anästhesie ist schonend und gut steuerbar. Und während des Narkoseschlafes überwachen zusätzlich Monitore die Vitalfunktionen des Patienten. Also die Atem- und Herzfrequenz, EKG, Sauerstoff, CO2 Gehalt und die Temperatur. Eine Tropfinfusion während der OP-Zeit stabilisiert darüber hinaus den Kreislauf."

Kann ich während der Operation im OP bei meinem Hund bleiben?

„In der Regel dürfen Sie bis zum Einschlafen Ihres Lieblings an seiner Seite bleiben. Sobald die OP-Vorbereitungen beginnen, müssen Sie jedoch den OP verlassen, damit wir zu 100 Prozent nur für Ihren Hund da sind.“

Wie sieht es bei so einer Operation mit dem Narkoserisiko aus?

„Jede Narkose – auch wenn sie noch so kurz ist – bedeutet für den Organismus eine Höchstleistung. Das ist bei uns Menschen nicht anders als bei Tieren. Auch bei der gründlichsten und umfangreichsten Voruntersuchung kann es vereinzelt es zu unvorhergesehenen Narkosezwischenfällen kommen. Das können plötzlicher Atem- oder Herzstillstand sein oder Kreislaufversagen. Für solche Fälle haben wir natürlich Notfallmedikamente und -instrumente bereitstehen. In der Regel kann man solche Fälle damit gut beherrschen. In seltenen Situationen können diese Zwischenfälle natürlich auch unbeherrschbar sein und mit dem Tod des Tieres einhergehen. Dieses sogenannte „natürliche Narkoserisiko“ gibt es auch beim Menschen. Beim Tier tritt solch ein Fall in einem von 10.000, beim Menschen in einem von 100.000 Fällen ein.“

Ist eine besondere Nachsorge nötig?

„Es muss unbedingt ein Leckschutz erfolgen, um vor Infektionen zu schützen. Bei Hündinnen verwenden wir einen Body, der gut toleriert wird. Bei Rüden kann auf einen Halskragen oder eine Halsmanschette nur selten verzichtet werden. Außerdem verabreichen wir Schmerzmittel und Antibiotika für einige Tage. Darüber hinaus sollte für ein bis zwei Wochen nach der Operation unbedingt eine Leinenpflicht eingehalten werden. Das ist wichtig, um einen Narbenbruch zu vermeiden. In den meisten Fällen sind die Hunde oft schon am nächsten Tag wieder gut drauf. Und nach einer Woche werden dann die Fäden gezogen.“

Tierarztpraxis Kobilinski

Ivonne von Kobilinski
Kiarwai 12
25980 Sylt/OT Tinnum
Tel.: 04651-2997791
Mail: kobilinski@t-online.de
Web: www.tierarzt-sylt.de

„Würmer machen blind“

Warum eine regelmäßige Wurmkur beim Hunde enorm wichtig ist

Ein Hund lebt durch seine Nase. Das ist für ihn wie für uns die tägliche Zeitungslektüre oder das Anschauen der Tagesschau. Deshalb schnuppern Hunde viel und gerne. Und leider schnuppern sie auch in Schmuddel-Ecken und an den Hinterlassenschaften anderer Kollegen. Hundekot, der herumliegt, weil manch ein Hundehalter zu faul oder zu nachlässig ist, diesen im nächsten Mülleimer zu entsorgen. Das ist nicht nur eine Belästigung für Augen und Nase Hundekot ist auch ein Gesundheitsrisiko für andere Vierbeiner und Menschen. Denn durch das beschnuppern oder sogar das Ablecken eines Hundehaufens nehmen Hunde die darin eventuell lebenden Würmer, Larven und Wurm-Eier auf.

Eine regelmäßige Wurmkur ist wichtig

Ohne eine regelmäßige, alle drei Monate anzuwendende Wurmkur, besteht auch für Menschen die Gefahr, sich mit Haken- oder Spulwürmern zu infizieren. Denn seien wir doch mal ehrlich: Wer wäscht sich wirklich jedes Mal, nachdem er seinen Hund gestreichelt hat, die Hände? Die Sylter Tierärztin Ivonne von Kobilinski erklärt, dass regelmäßige Wurmkuren einen Hund davor bewahren können, sich mit den aufgenommenen Haken-, Spul-, Band-, Peitschen- und Herzwürmern zu infizieren. Da es normalerweise vier bis sechs Wochen dauert, bis so ein vom Hund aufgenommener Wurm infektiös wird, verringert eine regelmäßige Wurmkur das Infektionsrisiko des Hundes. „Leider wird die Impf- und Entwurmungsmüdigkeit immer größer in Deutschland“, ergänzt Ivonne von Kobilinski im Gespräch. Das ist gefährlich, denn nicht nur Haustiere, sondern auch Menschen können sich mit Würmern infizieren.

Spulwürmer gefährden besonders Kinder, die ja in den meisten Fällen einen sehr engen Kontakt zu ihrem Hund haben. Sie waschen sich nicht nach jedem Kontakt mit dem Hund oder wenn sie in Sandkästen spielen, die durch Hundekot verunreinigt sind, die Hände. „Eine Wurminfektion ist eine klassische Schmierinfektion. Wenn der Hund sich durch Lecken säubert, verteilt er Eier/Larven im Fell“, erklärt die Tierärztin: „ Wir streicheln den Hund. Die Larven oder Wurm-Eier sitzen mikroskopisch klein auf ihrer Hand. Etwas später reiben Sie sich in Gedanken die Augen, streichen sich mit der Hand über die Lippen. Zu dem Zeitpunkt haben Sie schon längst vergessen, dass Sie vor zwanzig Minuten ihren Hund gestreichelt haben. So einfach infizieren Sie sich mit einem Wurm.“ Darüber hinaus empfiehlt die Tierärztin, den Hund einmal pro Jahr impfen zu lassen. Diese Jahresimpfung wird per Spritze injiziert und schützt Tier und Mensch vor ansteckenden und durchaus tödlichen Viruserkrankungen.

Spulwurmlarven können Menschen erblinden lassen

Nach der so erfolgten Aufnahme der Eier wandern die Spulwurmlarven dann durch den menschlichen Körper. Im schlimmsten Fall, weiß Ivonne von Kobilinski zu berichten, erreichen die Larven die Augen des Menschen und können dadurch Sehstörungen oder sogar Blindheit verursachen. Ganz zu schweigen von den Schäden, die entstehen können, wenn die Larven das Gehirn erreichen. Hakenwurmlarven wandern im Unterschied dazu durch die Haut und verursachen stark juckende Entzündungen. Daran infizierte Menschen können auch an inneren Blutungen, an Blutarmut, Bauchschmerzen und Durchfall leiden. Auch Bandwürmer werden meistens über eine zufällige Aufnahme von Wurm-Eiern übertragen. Sie können sich in Gehirn, Darm, Leber oder Lunge festsetzen. Dort bilden sie Zysten, die eine zum Teil lebensbedrohliche Größe erreichen können. Ivonne von Kobilinski rät daher eindringlich, besonders eng in der Familie lebenden Hunden regelmäßig eine Wurmkur zu geben. „So schützen Sie Ihren Hund und sich selbst.“

Tierärztin Ivonne von Kobilinski empfiehlt folgendes Behandlungsschema bei Hunden:

Ab der 2. Lebenswoche in Abständen von 2 Wochen.
Ab der 12. Lebenswoche monatlich.
Ab dem 6. Lebensmonat vierteljährlich.
Um einen maximalen Schutz zu erreichen, kann sogar monatlich eine Wurmkur durchgeführt werden. Das ist besonders wichtig in Haushalten mit Kindern.

Tierarztpraxis Kobilinski

Ivonne von Kobilinski
Kiarwai 12
25980 Sylt/OT Tinnum
Tel.: 04651-2997791
Mail: kobilinski@t-online.de
Web: www.tierarzt-sylt.de

Gibt es in der Apotheke: Wurmkuren für den Hund.

Shopping & Lifestyle
Leben & Arbeiten

Hunde sind auch ein Lifestyle Faktor. Und aus genau diesem Grund ein willkommener Anlass für manchen von uns, sie mit allen möglichen und unmöglichen Accessoires einzudecken. In diesem Kapitel berichten wir darüber. Und Sie erwarten darüber hinaus bunte Geschichten zum Beispiel über Menschen, die die erste Dating-Plattform für Hundebesitzer gegründet haben oder wirklich ansprechende Sachen für Hunde herstellen. Zum Thema „Leben & Arbeiten" gehört natürlich auch, dass Hunde unmittelbar in den Arbeitsalltag der Insulaner eingebunden sind. Und, dass die Hunde der Gäste den Alltag der Urlauber und somit auch den Alltag der Insel prägen und beeinflussen. Wir haben uns darüber hinaus am Festland umgeschaut, die Zollhundeschule vor den Toren Hamburgs besucht und sind im Hamburger Hafen mit einem Spürhund unterwegs gewesen. Es ist ein weiter Weg vom Lifestyle bis dorthin, aber eines ist ganz klar: Hunde bestimmen unseren Alltag, sind Gehilfen bei der Arbeit und ein wichtiger Teil unserer Lebenswelt. Die kann glamourös sein, aber auch mit den politischen Konflikten unserer Zeit zu tun haben.

„Nine to five – Was für ein Hundeleben“

Wenn der Hund mit ins Büro muss

„Wenn ich nicht weiß, ob meine Besucher Hunden positiv gegenüberstehen oder nicht, dann bleibt er einfach erst mal im Körbchen.“ Der Mann, der das sagt, heißt Henning Sieverts und ist der Kurdirektor von Wenningstedt-Braderup. „Er“ heißt Tyson und ist ein Boxer. Und tatsächlich: Tyson hebt gerade einmal den Kopf, als die Besucher – in diesem Fall sogar mit Hund – sein Büro betreten. „Ich hatte früher schon Boxer zu Hause. Und als mich eine Hundetrainerin gefragt hat, ob ich mir nicht vorstellen könnte, einen Hund und dann auch noch einen Boxer aus dem hiesigen Tierheim aufzunehmen, dachte ich: Gut, warum eigentlich nicht?“ Henning Sieverts hat natürlich auch den idealen Arbeitsplatz. Sein Büro liegt keine 300 Meter vom Hundestrand entfernt direkt hinter der Dünenkante. Morgens können die Zwei am Strand zur Arbeit hin und abends am Wasser wieder zurück nach Hause laufen. „Das Beste daran ist, dass ich jetzt mittags nicht mehr schnell mal auf ein Schnitzel oder sowas aus dem Büro gehe, sondern mich bewege. Das macht den Kopf frei und Tyson bekommt regelmäßig Auslauf.“ Der Hund und sein neues Herrchen haben sich recht spontan kennengelernt. „Bei den ersten Spaziergängen war Tyson sehr schwierig, aber nachdem ich ihn an einem Sonntag aus dem Tierheim abgeholt, und den ganzen Tag mit ihm verbracht habe, war er wie ausgewechselt.“ Als Henning Sieverts den Hund am Abend dann eigentlich wieder zurück ins Tierheim bringen sollte, hat er kurzerhand Nägel mit Köpfen gemacht: „Weil er sich den Tag über wirklich gut gemacht hat, habe ich dort gefragt, ob ich ihn nicht über Nacht behalten könne.

Damit er nicht das Gefühl hat, wieder abgeschoben zu werden.“ Das Tierheim hat sich gefreut, dass die beiden schon an ihrem ersten Tag so gut miteinander ausgekommen sind und natürlich die Erlaubnis zur Übernachtung erteilt. „Naja, und als ich am Montag ins Büro musste, hing er mir immer noch an den Hacken. Da hab ich ihn dann einfach mitgenommen.“ Gut, nicht so ganz „einfach so“. Seinen Mitarbeitern und Kollegen hat Henning Sieverts schon vorher Bescheid gesagt und gefragt, ob jemand aus dem Büro mit einem Hund Probleme haben würde. „Das ist ein großes Privileg für mich, dass ich meinen Hund mit ins Büro nehmen darf. Ich muss natürlich schauen, dass da niemand Allergien gegen

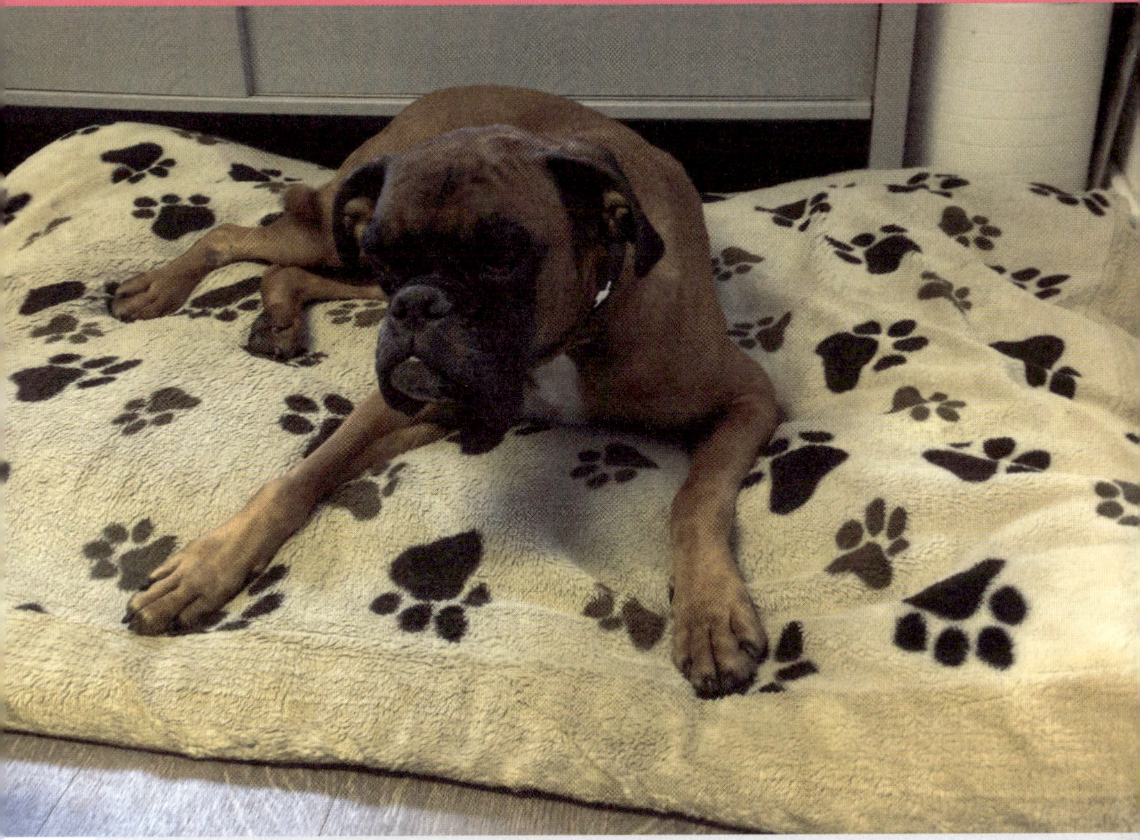

Tyson ist ein Boxer, wie er im Buche steht: Harte Schale, ganz weicher Kern

einen Hund oder einfach auch nur Angst vor ihm hat", sagt der Leiter des Tourismusservice Wenningstedt-Braderup. „ Elke Schmidt, meine Sekretärin, hat selbst zwei Hunde und kommt sehr gut mit Tyson klar. Unsere Buchhalterin hat eigentlich Angst vor Hunden. Aber Tyson ist der erste Hund, den sie gestreichelt hat." „Ich bin froh, dass ich mich für den Hund entschieden habe. Weil ein Leben mit Hund unter dem Strich ein großer Gewinn an Lebensqualität ist", sagt Henning Sieverts zum Schluss des Gesprächs. Nun ist ein Hund im Büro natürlich eine feine Sache, wenn dieses Büro direkt am Strand liegt und Hund und Halter jeden Morgen und jeden Abend gleich noch einen ausgiebigen Spaziergang am Wasser machen können. Wie verhält es sich aber an, auf den ersten Blick, weniger geeigneten Orten, wie der Großstadt? Ortstermin beim Hamburger Rechtsanwalt Sven-Uwe Blum. Er und sein Mann Jimmy verbringen viel Zeit in der eigenen Ferienwohnung in Westerland. Seine Rechtsanwaltskanzlei betreibt Sven-Uwe Blum in Alsternähe. Nach einem Druck auf die Klingel summt der Türöffner am Haupteingang des Bürogebäudes am Hamburger Steindamm. Während die Eingangstür wieder zurück ins Schloss fällt, bellt irgendwo im Treppenhaus kurz ein Hund. Ohne Fahrstuhl und mit schnellen Schritten geht es hinauf in den zweiten Stock, wo Rechtsanwalt Sven-Uwe Blum arbeitet. In der richtigen Etage angekommen, guckt am oberen Treppenabsatz ein etwas länglicher Kopf mit glatten, braunen Haaren und großen dunklen Augen neugierig auf halber Kniehöhe durch die Streben des Treppengeländers. Rocky, der Dackel des Rechtsanwaltes steckt dem Gast seine aufgeregt schnuppernde Nase entgegen. Hier hat also der Hund gebellt. „Kommen Sie rein, der tut nichts“, sagt Sven-Uwe Blum, während er seinem Besuch die Hand entgegenstreckt und Rocky sein Körbchen im lichtdurchfluteten Büro bezieht. Dieses Körbchen steht an strategisch wichtiger Stelle: „Von dort aus“, so der Hamburger Anwalt, „hat Rocky nicht nur meine Mandanten und mich im Blick.“ Er schmunzelt, während er weiterspricht: „Mittlerweile versteht er sich auch gut mit meiner Sekretärin. Erst mochte Rocky sie nicht. Aber mittlerweile hat sie sich seine Gunst mit Leckerlis teuer erkauft.“

Dabei kann so ein Hund nicht nur in Werbeagenturen und überall dort, wo vermeintlich hauptsächlich kreativ gearbeitet wird, sein Potential voll ausschöpfen. Auch in der Rechtsanwaltskanzlei von Sven-Uwe Blum erfüllt Rockys schiere Anwesenheit zwei ganz wichtige Punkte: „Der Hund hilft mir ungemein dabei, das Eis zu brechen, wenn Mandanten mit wirklich heiklen Themen zu mir kommen. Manchmal ist es meinem Besuch wirklich unangenehm, von seinen Problemen zu berichten, weil die natürlich nicht immer mit dem einhergehen, ‚was man in der Gesellschaft so macht'", erläutert der blonde Mittdreißiger. „Meine Mandanten sitzen mir ja in der Regel gegenüber. Ich hier hinter meinem Schreibtisch und da, wo Sie jetzt sitzen, die Menschen, die meinen Rat suchen. Und manchmal setzt Rocky sich dann unaufgefordert neben den Stuhl meines Gesprächspartners und kuschelt sich ans Bein. Die meisten Menschen fangen dann automatisch an, Rocky zu streicheln und wie von alleine beginnen sie dann damit, ihre Geschichte zu erzählen."

Rocky hat seinen eigenen Anwalt immer dabei

Mit Leckerlis hat die Sekretärin seine Gunst erkauft

Soweit so gut. Die Frage ist halt nur, welchen Eindruck ein Hund vermittelt, wenn Herrchen einen Termin bei Gericht wahrnehmen muss? „Dann", so Sven-Uwe Blum, „bin ich in der glücklichen Lage, dass mein Mann Jimmy Rocky übernimmt." Jimmy Blum betreibt seit zehn Jahren ein angesagtes Bekleidungsgeschäft im Hamburger Univiertel. „Second Hand Clothes, First Class Drinks" ist sein Motto. Und Rocky ist seit Jahren nicht wegzudenken, von seinem Platz unter dem Kassentresen. „Wenn Sven-Uwe nachmittags einen Termin bei Gericht hat, dann treffen wir uns mittags im Lohmühlenpark, gehen mit Rocky eine Runde Gassi und essen dann in der Langen Reihe eine Kleinigkeit zu Mittag", erzählt Jimmy Blum. Selbstverständlich mit Hund, denn der ist in den Geschäften und Restaurants, die die beiden Männer besuchen, ein ebenso gern gesehener Gast, wie seine beiden Besitzer. „Rocky ist ja ein kleiner Beamter", verrät der Rechtsanwalt: „Der weiß morgens ganz genau, wer von uns beiden als erstes zur Arbeit geht, wie lange er noch weiterschlafen kann und in welche Richtung er dann das Haus verlassen muss." Denn nicht jeden Tag fahren Rocky und Sven-Uwe Blum mit der Bahn nach St. Georg in seine Kanzlei. Manchmal fangen die Tage bei Gericht schon früh morgens an und dauern bis spät abends. „Dann weiß Rocky ganz genau, dass er mit Jimmy in Richtung Grindel geht und schlägt instinktiv die richtige Richtung ein“, schmunzeln die beiden. Und während in der Kanzlei eine Sekretärin mit Leckerlis in der Schublade und Mandanten mit einer Extraportion Streicheleinheiten auf den hübschen Dackel warten, hält der Tag – oder der Nachmittag, je nachdem – bei „Jimmy's Second Hand“ ganz andere Qualitäten bereit: „Rocky ist bei mir der Star im Laden. Hier ist ja immer Gewusel. Kunden kommen und gehen, Musik läuft, manchmal besucht uns ein Hund aus der Nachbarschaft. Und wenn Rocky der ganze Trubel zu viel wird, verkrümelt er sich einfach auf der Rückseite meines Kassentresens“, erzählt Jimmy Blum. Wenn ich dann abends so gegen kurz nach acht meinen Laden zuschließe, dann weiß Rocky ganz genau: Jetzt geht's nach Hause und wie auf einer Induktionsschleife gezogen findet er den Weg in die Hafencity zu unserer Wohnung.“ Da soll nochmal irgendjemand sagen, dass Hunde im Büro ein langweiliges Leben hätten. Egal ob in der Stadt oder auf der Insel.

„Hunde sind auch nur Menschen“

Zu Besuch in der Zollhundeschule in Bleckede

Ein tiefes, gurgelndes Grollen ist zu hören. Plötzlich schießt ein schwarzer Schäferhund auf mich zu. Vor nicht mal fünf Sekunden hat er noch an der Seite seines Zollhundeführers Frank Schaaf gesessen und brav und in meinen Augen regelrecht unschuldig in die Gegend geschaut. Jetzt bellt er mich böse blickend in Grund und Boden. Mit gefletschten Zähnen, die eine knappe Armlänge vor meinen Knien drohend, hinter den hochgezogenen Lefzen, zu sehen sind. Ich könnte schwören, seinen warmen Hundeatem zu spüren. So dicht steht er vor mir. Dann ein kurzes Kommando seines Hundeführers – Stille. „Das ist schon beeindruckend, oder?“, fragt mich Jennifer Egyptien, Zollamtsrätin und Vertreterin des Fachgebietsleiters der „Zollhundeschule“ im niedersächsischen Bleckede. Ganz korrekt lautet die richtige Bezeichnung übrigens: „Bildungs-und Wissenschaftszentrum der Bundesfinanzverwaltung, Dienstsitz Bleckede“. Mit leicht erhöhtem Puls komme ich aus der Ecke des Übungs-Unterstandes hervor. Herrchen und Hund stehen, bzw. liegen mittlerweile wieder ruhig und entspannt im Schatten. Mintho scheint kein Wässerchen trüben zu können und sein Hundeführer Frank Schaaf erklärt mir, was es mit dieser Übung auf sich hat. „Wenn wir als Zollbeamter eine Personenkontrolle durchführen müssen, kann es immer mal passieren, dass sich die zu kontrollierende Person gar nicht überprüfen lassen möchte. Sei es, weil sie alkoholisiert ist, weil sie etwas verbergen möchte oder einfach nur aggressiv ist und einen schlechten Tag hat. Da sind uns dann schnell die Hände gebunden.“

Bei einer Personenkontrolle sind den Beamten schnell die Hände gebunden

Circa 400 Zollhunde unterstützen den deutschen Zoll jeden Tag bei der Arbeit. In Bleckede werden rund 200 Hunde von neun Ausbildern für den Dienst ausgebildet und auf Leistungsstand gehalten.

Der Schutzhund gilt im Paragraphen-Deutsch als „Hilfsmittel der körperlichen Gewalt“, der seinen Hundeführer oder seine Hundeführerin beschützen und durch sein Auftreten Konfrontationen verhindern soll. Wobei das Wort „Gewalt“ hier im Sinne der „Exekutive“, als der ausführenden Gewalt zu verstehen ist. Der Randalierer soll durch das forsche Auftreten des Hundes also lediglich eingeschüchtert und zur Vernunft gebracht werden. Zolloberamtsrat Hans-Dieter Beckmann, der Dienststellenleiter in Bleckede, ergänzt: „Wir bilden hier Spürhunde und Schutzhunde aus. Und das, was Sie soeben gesehen haben, gehört zur klassischen Schutzhund-Ausbildung.“ Bis es allerdings so weit ist, dass aus einem Hund ein Schutz- und Spürhund oder reiner Spürhund geworden ist, dauert es insgesamt ca. 1,5 Jahre. Gehorsam aufs Kommando, absolutes Vertrauen des Hundeführers in seinen Hund und die Gewissheit, sich jederzeit darauf verlassen zu können, dass so ein Schäferhund nicht doch aus Versehen zubeißt: Dazu braucht es einen dreiwöchigen Vorbereitungslehrgang. Nach der dann folgenden kurzen Erholungsphase zu Hause, folgt ein fünfwöchiger Lehrgang. Die Prüfung am Ende dieses Lehrgangs vertieft noch einmal die Ausbildung und erweitert die praktischen Einsatzkomponenten. Anschließend folgt die Ausbildung zum Spürhund und erst dann ist der Hund fit für den aktiven Dienst. Als Belohnung für den gelungenen Einsatz zu Anfang meines Besuchs holt Zollhundeführer Frank Schaaf, der hier auch gleichzeitig Ausbilder ist, einen grünen Ball hervor, der an einer dicken Kordel hängt. „Das ist Minthos Belohnung. So erziehen wir die Hunde hier – mit der Aussicht auf Anerkennung und Entspannung.“

Von wegen, „der will nur spielen“: Lea und Johann Ripken

Lea bereitet sich auf ihr Leben als Spürhund vor

Auch Johann Ripken aus Friesland trainiert seine zweieinhalb Jahre alte Pointerhündin Lea nach dieser Methode und bereitet sie so auf ihr Leben als Spürhund vor.

Sowohl die Schutz- als auch die Spürhunde sind sogenannte verwaltungseigene Hunde. Die Hundeführer schließen mit dem Zoll einen Pflegevertrag ab. In so einem Vertrag ist zum Beispiel geregelt, dass ein Zollhund im Ruhestand eine monatliche Rente von 45,- Euro für sein Futter bekommt. Die Kosten für Tierarztbesuche und Medikamente werden nach dem Ausscheiden des Hundes aus dem aktiven Dienst ebenfalls von der Behörde übernommen, ergänzt Hans-Dieter Beckmann. Neben den Schutzhunden, die gleichzeitig auch Spürhunde sind (sogenannte kombinierte Hunde) werden in Bleckede auch reine Spürhunde ausgebildet. Dabei unterscheidet man zwischen solchen Spürhunden, die auch im Umfeld von Personen suchen dürfen und denjenigen, die Autos, Schließfächer, Regale, Koffer und „alles andere durchsuchen, wo krumme Hunde etwas vor den Augen des Gesetzes verstecken wollen“, erklärt Jennifer Egyptien. Um einem potentiellen Verdächtigen im Ernstfall an die Wäsche gehen zu dürfen, muss jeder Schutz- und Spürhund vor dem Beginn der einige Monate dauernden und mehrstufigen Ausbildung einen Eignungstest ablegen. Auch die Hundeführerinnen und Hundeführer werden auf ihre Eignung, respekt- und verantwortungsvoll mit dem Hund umzugehen, untersucht. So wie die Kölnerin Johanna Fey, die sich gerade mit ihrer holländischen Schäferhündin Mia im Rahmen einer routinemäßigen Auffrischung ihres und Mias Können in Bleckede befindet.

Es wird zwischen Schutz- und Spürhunden unterschieden

Da die fünfjährige Mia sowohl ein Schutzhund, als auch ein Spürhund ist, haben die Zöllner das kleine, mit einer amtlichen Banderole versehene Päckchen Amphetamin hinter dem Kühler eines ausrangierten, grünen Kombis versteckt, der uns auf einem Parkplatz irgendwo auf dem weitläufigen Gelände erwartet. Mia und Hundeführerin Johanna Fey sollen das grüne Auto im Rahmen einer Routinefahrzeugkontrolle untersuchen. Beide wissen nicht, wo sich das unscheinbare Päckchen im oder unterm Wagen befindet. „Eine neue Technik, die wir verwenden, um zu signalisieren, dass der Hund etwas gefunden hat, ist das „Anzeigen durch Einfrieren". Mia demonstriert mit beeindruckender Sicherheit, was es damit auf sich hat: Langsam umrundet sie an der Leine von Johanna Fey das Auto. Zentimeter für Zentimeter wird jedes Stückchen Blech, Reifen, Schweinwerfer, Kotflügel von Mias aufgeregt schnuppernder Nase untersucht. Plötzlich bleibt Mia stehen. Johanna Fey geht vorsichtig weiter, die Leine spannt sich, Mia bewegt ihren graugefleckten Kopf nicht einen Millimeter. Bis zur Schwanzspitze steht der Hund wie versteinert vor dem Kühlergrill des grünen Autos. Vollkommen unbeweglich. Zollbetriebsinspektor Uwe Robohm, der das verdächtige Tütchen vorher versteckt hat, erklärt den Sinn dieser neuen Ausbildungsmethode: „Mit dieser Taktik erkennt Johanna Fey, dass ihr Hund etwas gefunden hat. Aber der Mensch, dessen Auto da gerade durchsucht wird, bekommt in der ganzen Aufregung nichts davon mit." Früher hätten die Hunde mit Kratzen angezeigt, wo sich das Versteck des soeben erschnüffelten Diebes- oder Drogengutes befindet. Das hätte zu Beschädigungen der Fahrzeuge führen können.

„Beim Einfrieren" weiß in diesem Moment nur die Hundeführerin, wo sie genauer nachschauen muss. Ausgebildet – und in diesem Moment bestätigt, dass sie es richtig gemacht hat – wird Mia mit der sogenannten Klickertechnik. „Gut gemacht", signalisiert das von Johanna Fey mit einem kleinen Plättchen in der Hosentasche ausgelöste akustische Klickern: Der Hund „taut auf" und weiß, dass es gleich ein Leckerchen zur Belohnung gibt. „Das ist eine Ausbildungstechnik", verrät Jennifer Egyptien, die Sie mit jedem Hund zu Hause auch machen können. „Nehmen Sie einfach hinter dem Rücken versteckt Leckerlis in die eine Hand, den Klicker in die andere. Nach jedem Klicken geben Sie Ihrem Hund dann ein Leckerchen. Und glauben Sie mir: das dauert nur ein paar Wiederholungen, bis sich Ihr Hund das gemerkt hat. Ihr Hund lernt nun, dass das Geräusch ‚Klick' immer zur Belohnung führt und nun können Sie den Klicker in die Erziehung Ihres Hundes integrieren, denn ‚Klick' heißt nun ‚Richtig!'." Hans-Dieter Beckmann ergänzt: „Wir wissen, dass die Ausbildung unserer Hunde von der Öffentlichkeit sehr genau beobachtet wird. Unsere Hundeführer werden in diesem Punkt mit sehr vielen Vorurteilen konfrontiert und haben es nicht immer ganz leicht, dem entgegen zu treten." Und obwohl die Hunde der Zollverwaltung eben Verwaltungshunde sind, leben sie genauso bei ihren Hundeführerinnen und Hundeführern zu Hause, wie Fred, Otto und Albert bei ihren Herrchen leben. Natürlich haben einige der Zollbeamten noch einen oder sogar mehrere „Privathunde“. Aber auch ein Diensthund wächst einem ans Herz. Auch Mintho,

Das richtige Näschen ist wichtig: Mia hat etwas gefunden.

hat sein Zollhundeführer Frank Schaaf mir vorhin verraten. Und dass Mintho auch ganz anders kann, sehe ich am Ende meines Besuchs, auf dem Weg zurück zur Pforte. Mintho läuft lässig angeleint neben seinem Herrchen am Fahrrad. Herrchen grüßt zum Abschied – und Mintho würdigt mich keines Blickes. Hunde sind eben auch nur Menschen.

„Sie müssen den Hund lesen können"

Ein Zollhund im Hamburger Hafen im Übungs-Einsatz

Eine Lagerhalle irgendwo im Hamburger Hafen. Das geschäftige Treiben rings um diesen etwas verwunschen anmutenden Ort auf der Südseite der Elbe wird mit den Geräuschen von Kränen, Schiffshörnern und natürlich dem lauten Kreischen unzähliger Möwen begleitet. Im Inneren der Halle herrscht dagegen fast schon sakrale Stille. Gedämpftes Licht fällt durch die Oberlichter. Das, was die Augen entdecken, nachdem sie sich an die Lichtverhältnisse gewöhnt haben, lässt das Herz eines jeden Genießers höher schlagen. Rot- und Weißweine, Spezialitäten in Konservendosen. Und für die Entspannung nach dem Schmaus gibt es die passende Liege gleich dazu – in 500facher Ausfertigung, alles sorgfältig verpackt. Hier begleiten wir heute Lin, einen Deutschen Schäferhund, bei einer Übung. Ihre Aufgabe ist es geschmuggelte Zigaretten irgendwo in diesem Sammelsurium von Kisten und Kästen zu finden. Die Kartons und Verpackungen verströmen derweil einen etwas trockenen, irgendwie muffigen Geruch.

Theorie und Praxis: Hand in Hand

Theorie und Praxis klaffen bei der professionellen Hundeerziehung kein bisschen auseinander. Das, was die Hunde in der Zollhundeschule im niedersächsischen Bleckede lernen, wird die fünfjährige Lin, gleich bei ihrer Suche nach geschmuggelten oder unverzollten Zigaretten im Hamburger Hafen professionell anwenden. Wichtig für einen erfolgreichen Einsatz ist, neben einer guten Hundeausbildung, vor allem das vertrauensvolle Verhältnis zwischen Hund und Halter. In diesem Fall zwischen Lin und ihrem Hundeführer Udo Lorenz. Udo Lorenz hat seinen Hund von Günter Weißenbach, dem Zollhundetrainer, für diese Spezialaufgabe ausbilden lassen. Günter Weißenbach verrät über seine Arbeit: „Manchmal bekommen wir einen Tipp, ganz oft hilft uns unsere Berufserfahrung und teilweise auch einfach ‚nur' unsere gute Menschenkenntnis bei der Ausübung unseres Berufes."

„Wenn wir Menschen kontrollieren, sind die meistens sehr interessiert an unseren Hunden."

Heute baut Günter Weißenbach im Rahmen einer Routine-Übung das Versteck für die fünfjährige Lin auf. Sie ist auf die Tabaksuche trainiert. Hundeführer Udo Lorenz ist seit fast drei Jahren mit Lin im Einsatz: „Wir sind meistens im Hafen unterwegs. An anderen Tagen rufen uns auch Kollegen zur Unterstützung, wenn sie zum Beispiel auf der Autobahn Kontrollen durchführen. Heute wird geübt und Lin darf ihr Können unter Beweis stellen. „Sie müssen den Hund lesen können", merkt Zollhundetrainer Weißenbach an: „Nur so können Sie rechtzeitig erkennen, ob er erschöpft ist, eine Pause braucht, ob er auf der richtigen Spur ist und wo sie die Suche intensivieren müssen."

Manchmal denkt Lin, sie sei ein Schoßhund

Udo Lorenz kann seinen Hund sehr gut lesen. Schließlich hat er selbst Lin vor Jahren ausgesucht. Es ist das übliche Vorgehen, dass sich der Hundeführer seinen Hund aussuchen darf. Schließlich soll das Team später viele Jahre gemeinsam erfolgreich zusammen arbeiten. Wichtig ist natürlich auch für einen Spürhund beim Hamburger Zoll, dass er Familienanschluss hat: „Wenn ich mich zu Hause auf einen Stuhl setze, dann denkt Lin, sie wäre ein Schoßhund." In der Zwischenzeit versteckt der Zollhundetrainer einen Karton mit 40 bis

50 Stangen Zigaretten, die bei einer Kontrolle im Hafen sichergestellt wurden. Geschmuggelte Zigaretten werden normalerweise geschreddert. Hin und wieder bekommen die Kollegen der Hundestaffel einen Teil der Ware zu Übungszwecken überlassen. Schließlich sollen Lin und ihre Kollegen das Schnüffeln ja nicht verlernen. Günter Weißenbach hebt mehrere Kisten an, rückt Kartons hin und her und hat schließlich ein Versteck für den Karton mit den geschmuggelten, unverzollten Zigaretten gebaut. Nach einiger Zeit werden Udo Lorenz und Lin in die Halle geholt, damit die Hündin die Zigaretten erschnüffeln kann. „Wenn wir Kontrollen mit einem Hund durchführen, sind die Leute, die wir kontrollieren, meistens sehr interessiert an unseren Hunden", wird Udo Lorenz später berichten. So eine Kontrolle läuft meistens nach einem ähnlichen Muster ab: 20 Minuten wird mit bebender Nase gespürt, dann gibt es eine 20minütige Pause. Danach wird noch einmal für 10 Minuten geschnüffelt und dann ist für mindestens eine Stunde eine Pause angesagt.

Die eigentliche Suche läuft dann relativ unspektakulär, zielstrebig und schnell ab. Zwischen Herrenpyjamas, gestreift in Größe 34, findet Lin die versteckten Zigaretten. Der Hund zeigt das Versteck durch das so genannte „Einfrieren" an. Die drei Zollbeamten sind zufrieden: „Die 16 Hunde beim Hauptzollamt Hamburg-Hafen stehen nicht unter Quotendruck! Das ist in den anderen Dienststellen genauso. Und natürlich müssen die Hunde zwischendurch auch betüdelt werden", sagt Günter Weißenbach. Die Hunde, so Weißenbach weiter, brauchen darüber hinaus auch ausreichend Ruhephasen: „Die Ausbildung ist heute viel filigraner geworden. Wir Hundeführer und Zollhundetrainer bilden uns ja auch fort und wenden die neuesten Ausbildungsformen an. Positive Verstärkung ist so ein Stichwort." Das bedeutet, dass ein Hund, wenn er eine Aufgabe richtig gelöst hat, ein Leckerli bekommt.

Vor dem Spiel kommt der Job

Das Wohl der Hunde beim Hamburger Zoll wird, wie schon während der Ausbildung in Bleckede, auch im täglichen Dienst nie aus den Augen verloren: Während einer Neun- bis Zehnstundenschicht haben Lin und die anderen Hunde maximal drei Einsätze. Nach der erfolgreichen Suche düst Lin dem roten Ball mit grüner Schnur hinterher, die ihr Hundeführer Udo Lorenz weit durch die Halle wirft. Belohnung durch Befriedigung des tiefsitzenden Spieltriebes und Jagdinstinktes. Günter Weißenbach räumt die Kisten und Kartons wieder in die richtige Reihenfolge, nachdem er die versteckten Zigaretten wieder an sich genommen hat. Und Lin und Udo Lorenz suchen sich jetzt erst mal ein schattiges Plätzchen und genießen ihre wohlverdiente Pause.

„Ein Hund ist doch keine Handtasche!“

Dogsharing: Zwei Menschen teilen sich einen Hund

Dogsharing! Was sich im ersten Moment nach halber Freude und geteilten Problemen, nach Freiminuten und Bonuspunkten anhört, erscheint auch auf den zweiten, flüchtigen, Blick wie eine Besuchsregelung für Scheidungskinder. Dogsharing? Wer macht denn so etwas? Stefanie Keller macht „sowas“. Teilt sich seit Jahren erst den einen, mittlerweile den zweiten Hund. Wobei „teilen“ nicht wirklich treffend ist. Es ist mehr wie einen Teil von sich selbst temporär jemand anderem zu überlassen, weil man weiß, dass die gemeinsamen Ansichten und Abstimmungspositionen wie die Zahnräder eines gut geölten Uhrwerks ineinander greifen. Und – erster Unterschied – während man sich Scheidungskinder „teilt“, weil man sich nicht mehr versteht, teilen sich beim Dogsharing zwei Menschen einen Hund, weil sie sich gut verstehen. Zwar nicht immer einer Meinung sind, aber immer einen Konsens finden müssen. Keinen Kompromiss! Zwei Menschen, die beide das tiefe Bedürfnis nach einem eigenen Hund in ihrer Nähe haben. Die aber jeder für sich alleine zu wenig Zeit haben, um diesem Bedürfnis nachzugeben und einen ganzen Hund ihr eigenen nennen wollen.

Stefanie Keller ist mit Hunden aufgewachsen und hat nach Jahren einer aufreibenden Berufstätigkeit festgestellt: „Es geht nicht mehr. Ein Leben ohne Hund ist nur ein halbes Leben.“

Wir teilen uns die Verantwortung für einen Hund

Wie gut, dass Stefanie Kellers aus England stammende und in Hamburg lebende Freundin die rettende Idee hatte: „Wir teilen uns die Verantwortung für einen Hund“, erinnert sich Stefanie Keller, während sie in einem Café in Winterhude sitzt und die Geschichte vom Dogsharing erzählt. „Wir

e Keller teilt sich die Verantwortung für ihren
samen Hund.

sind gemeinsam zu einer Hundetrainerin – Maren Welskopf – gegangen und haben uns Rat geholt, ob das überhaupt geht und wenn ja, worauf wir achten müssen. „Ein Hund ist doch keine Handtasche!", war die empörte Reaktion derjenigen, denen die beiden Frauen zuerst von ihrer Idee erzählten. Und deshalb wollten sie hören, was eine Expertin dazu sagt. Die Hundetrainerin stand dem Ansinnen von Stefanie Keller und ihrer Freundin sehr aufgeschlossen gegenüber. Dabei haben ihr zwei Dinge besonders am Herzen gelegen: Dogsharing sollte nicht mit Welpen praktiziert werden. Der beständige Wechsel der Bezugspersonen und des Ortes ist für einen Welpen, der ja erst einmal die Trennung von Mutter und Geschwistern verarbeiten muss, zu viel. Und der Hund sollte sich nicht auf eine einzige Person fokussieren, sondern aufgeschlossen sein im Kontakt zu Menschen. Damit war klar, dass sie einen erwachsenen Hund gesucht haben und deshalb war es logisch, einen Hund aus einem Tierschutzprogramm aufzunehmen. „Wir wollten gern einem Hund, den es schon gibt, ein – oder besser gesagt zwei schöne Zuhause bieten", erzählt Stefanie Keller. Und so trat Oscar, ein Ratonero Bodeguero Andaluz in das Leben der beiden Frauen. Selbst Stefanie Kellers Mann, der keine Hunde mochte und zunächst absolut gegen einen eigenen oder geteilten Vierbeiner in der gemeinsamen Wohnung war, konnte sich nach einiger Zeit nicht mehr vorstellen, wie sein Leben ohne Oscar war. „ Für mich war klar: Wenn mein Mann einem Hund in unserer gemeinsamen Wohnung nicht hätte zustimmen können, dann wäre ich in eine eigene Wohnung gezogen. Um unserer Beziehung und um des Wunsches nach einem Leben mit Hund willen."

Mein Mann hat seine Offenheit nicht bereut

Und ihr Mann hat seine Offenheit nicht bereut. Oscar hat während der Aufenthalte bei Stefanie Keller mehr und mehr Kontakt zu ihrem Mann gesucht und ihn so für sich und ein Leben mit Hund gewonnen. „Meine Freundin und ich haben unsere Terminkalender synchronisiert und so ein sehr flexibles Betreuungsmanagement entwickelt“, sagt sie. Drei bis vier Tage, besser eine Woche am Stück sollte der Hund in der Anfangsphase eines solchen Projektes bei jeweils einer Bezugsperson bleiben, sonst artet das für den Hund in Stress aus. Das hat die Tiertrainerin den beiden Frauen als Ratschlag mit auf den Weg gegeben. Wichtig sind beim Dogsharing vor allem gemeinsame Alltagsregeln. Im Fall von Oscar hieß das sowohl bei Stefanie Keller als auch bei ihrer Freundin: Kein Körbchen ins Schlafzimmer, einheitliche Kommandos und der Hund wird bei Tisch nicht gefüttert. „Nur wenn ganz deutlich Klarheit über die grundlegenden Dinge herrscht, können Sie so ein Projekt schaffen“, ergänzt die Hamburgerin. Direkt nachdem Oscar im Leben der beiden Frauen Platz genommen hat, haben sie mit ihm bei ihrer Hundetrainerin Einzeltraining genommen, um eine solide Vertrauensbasis zu schaffen. „Das zum einen und das Bewusstsein, in Bezug auf den Hund keine Entscheidung ohne Rückfrage der jeweils anderen zu treffen. Futterfragen zum Beispiel: Wenn ich vorgehabt hätte, Oscar plötzlich mit Rinderlunge füttern zu wollen, dann hätte ich meine Freundin vorher natürlich fragen müssen.“ Auf die Frage, ob diese ständige Abstimmung nicht sehr anstrengend sei, antwortet sie mit Erstaunen: „Die Abstimmung zwischen zwei Kooperationspartnern ist doch selbstverständlich.“

„Es gibt Hunde und Menschen, die dazu passen“

Im Dezember 2012 ist Oscar verstorben. Stefanie Keller hält einen Moment inne: „Ich habe viel von diesem Projekt Dogsharing gelernt. Und obwohl meine Freundin und ich als Personen manchmal an unsere Grenzen gekommen sind, habe ich enorm davon profitiert.“ Nach vier Jahren Dogsharing hält sie als Fazit fest: „Ich glaube, es gibt Hunde und Menschen, die dazu passen. Oscar, meine Freundin und ich waren so eine Konstellation.“ Mittlerweile teilt sich Stefanie Keller wieder einen Hund. Brando. Ein großer Mischling, schwarz wie die Nacht, mit riesigen Augen und noch etwas tapsigen Pfoten. Diesmal allerdings nicht mit ihrer Freundin, sondern mit ihrem Mann. Der ist durch Oscar ein überzeugter „Leben-mit-Hund-Genießer“ geworden und hat Brando gemeinsam mit seiner Frau ausgesucht. „Wir sprechen uns in jedem Belang ab. Dogsharing halt. Ein Hund für zwei Menschen, die ihn sich teilen. Und eben nicht ein Hund, der bei zwei Menschen lebt, die ihn sich nach Gusto hin und herreichen.“

Portrait Royal – Evolution im Kunsthandwerk

Freddy und Coshima Weigl definieren Tierportraits neu

Wir alle kennen die detaillierten Kupferstiche von Albrecht Dürer. Doch haben Sie auch gewusst, dass das Stichelhaarfell – also eingestreute weiße Haare im Tierfell – vom Kupferstich kommt? Genau diese Optik machten sich Flachstichgraveur Freddy Weigl und seine Tochter Coshima zunutze. In jahrelanger Feinarbeit entwickelten die beiden ihr innovatives Handwerkstalent: Farbige Kupferstiche mit Goldgravur.

Freddy und Coshima Weigl vor ihrem Werk „Idefix"

„Ein Ausrutscher und das ganze Bild ist ruiniert", erklärt Freddy Weigl seine manuelle Präzisionsarbeit an einem Hundeportrait. Behutsam graviert der Künstler jedes einzelne Haar des Hundefells mit einem geschliffenen Facettenstichel. Nur mit ruhiger Hand, der Wahl des richtigen Werkzeugs und der Präzision eines Uhrmachers erhält das Portrait seinen changierenden Glanz. Insgesamt etwa 50.000 Stiche setzt Weigl an einem 30 mal 40 Zentimeter großen Bild an. Das sind 80 bis 100 Arbeitsstunden. Doch damit nicht genug: Die Weigls benötigen sechs aufwendige Schritte bis aus einem Foto ein gerahmtes Kunstwerk wird. Zunächst wird die Vorlage digital bearbeitet. Dann werden eine Skizze und eine Reinzeichnung erstellt, die übrigens an sich schon Vorzeigecharakter haben. Nun kommt Farbe auf die hochglanzpolierte Kupferplatte bevor die aufwendige Gravur beginnt. Erst im vorletzten Arbeitsgang geben Gold, Silber, Rot-, Weiß- und Schwarzgold dem Portrait sein lebendig schimmerndes Aussehen, bevor es abschließend versiegelt wird.

„Über fünf Jahre haben meine Tochter und ich an dieser Technik gefeilt", erzählt Weigl, „und erst jetzt fühlen wir uns bereit, sie kunstinteressierten Tierliebhabern vorzustellen." Verständlich, dass bisher noch

Freddy Weigl graviert.

keiner auf das faszinierende Spiel mit Gravurtechnik und Farbe gekommen ist. Wir betrachten den sogenannten Idefix, ein Weigltypisches Hundeportrait vor blauem Hintergrund, genauer. Er wirkt erstaunlich lebendig. Die Augen strahlen und man meint, der kleine Hund würde einen immer anschauen. Mit gezielt gesetzten Lichtspots wird die Wirkung sogar noch verstärkt. Der irisierende Glanz gibt dem Bild zudem einen gewissen 3-D-Charakter.

Die Weigls sind schon seit Generationen eine Kunsthandwerkerfamilie. Während Urgroßvater und Großvater Kunstschmiede waren, verdingte sich die Urgroßmutter als Tapeten- und Stoffmusterdesignerin, die Großmutter war Kunstmalerin. Das Kunstgen liegt der Familie sozusagen im Blut. In diesem Jahr feiert der vielfach ausgezeichnete Flachstichgraveur Weigl sein 30-jähriges Betriebsjubiläum. Deshalb ist er besonders stolz, seine weltweit einmalige, wortwörtlich brillante Gravurtechnik präsentieren zu können. Übrigens: Abkupfern – das Wort kommt aus der Reproduktionsmöglichkeit durch den Kupferstich – von Weigls Kunst ist schwer möglich. Wer sich die exklusiven Tierportraits mit Glanzstichgravur einmal anschauen möchte, kann die in der Dauerausstellung der Kunstpassage im fünf Sterne Hotel Bayerischer Hof in München tun.

Weitere Infos

www.portrait-royal.com

Liebe geht über den Hund

Wie ein Start-Up Hund und Menschen zusammenbringt

Neulich im Park staunten wir nicht schlecht: Da hingen Zettel mit einem kuriosen Bild – ein Hund in Yogastellung, darüber die Frage: Haben Sie diesen Hund gesehen? Es war eine Werbeaktion des Berliner Start-Ups Snoopet. Und wenn was mit Hunden zu tun hat, ist es natürlich sofort unser Thema. Snoopet ist ein Kontaktportal für „Hundeliebhaber in Deutschland" heißt es auf www.snoopet.de. Es ist ein soziales Netzwerk, das Menschen und ihre Hunde mit gleichen Interessen in der näheren Umgebung zusammenbringt. So eine Art Facebook für Hund und Halter. Über die Webseite www.snoopet.de kann man ein Profil von sich und seinem Vierbeiner erstellen und sich mit anderen Usern austauschen – und mobil per Smartphone-App zu spontanen Treffen oder Hunde-Dates verabreden.

Wir sprachen mit der Gründerin von Snoopet, Larissa Maes, und wollten wissen, was Hundebesitzer von der Plattform haben:

Snoopet bietet eine Gassi-Routen-App, mit der man sich verabreden kann. Wie groß ist da der Dating-Faktor?

Bei Snoopet geht es vor allem darum, Spaß zu haben, neue Gassipartner zu finden, neue Gassi-Routen zu entdecken oder sich unkompliziert mit Bekannten zur Gassirunde zu verabreden. Aber ganz klar: Wer den Dating-Faktor sucht, wird ihn auf Snoopet sicher auch finden. Jeder kann für sich und seinen Hund ein Profil anlegen und dann direkt in passenden Profilvorschlägen stöbern. Als Highlight können Snoopet-User neue spannende Gassi-Routen entdecken und über die Smartphone – App ihre eigenen Lieblingsrouten anlegen. Zusätzlich können User mobil direkt in gelaufene Routen einchecken und sehen, wer die gleiche Route gelaufen ist.

Wie sind Sie auf die Idee gekommen, Snoopet zu gründen?

Ich bin selbst eine große Hundeliebhaberin und weiß deshalb, dass der Hund ein großartiger Gesprächsstoff-Garant und „Eisbrecher" ist. Ein mobiles Kontaktportal für Hundefreunde musste her! Und bei diesem sollte der Hund im Mittelpunkt stehen. Schließlich muss der eigene Hund einen neuen Freund oder die große Liebe ja auch „riechen" können – Hunde sind bei der Partnerwahl ein wichtiger Faktor.

Welche Zielgruppe sprechen Sie genau an?

Auf Snoopet kann sich jeder registrieren,

Larissa Maes, Gründerin von Snoopet, einem Berliner Start-Up, das Herrchen und Frauchen zusammenbringen will

der Hunde gern hat – ganz egal, ob er oder sie sich mit Gleichgesinnten austauschen will oder auf der Suche nach neuen Freunden, Gassi-Partnern oder der großen Liebe ist. Snoopet ist etwas für alle, die eine neue „Liebe mit Hund“ suchen oder Menschen kennenlernen wollen, die „lieber mit Hund“ sind.

Kostet Snoopet Geld?

Alle Snoopet-Features sind kostenlos nutzbar – und Schritt für Schritt fügen wir weitere spannende Funktionen für Mensch und Tier hinzu. Jeder User kann sich kostenlos registrieren, für sich und seinen Hund ein Profil anlegen, direkt in den vorgeschlagenen Kontakten stöbern und natürlich die kostenlose Smartphone-App nutzen. Wir wünschen viel Spaß beim Schnuppern, Austauschen und Kennenlernen!

Erzählen Sie uns eine Snoopet-Liebesgeschichte: Was erleben Ihre User mit Snoopet? Bekommen Sie da Rückmeldungen?

Snoopet gibt es ja erst seit November 2012 – damit stehen wir quasi noch unter „Welpenschutz“. Aber tatsächlich hören wir schon jetzt regelmäßig von Freundschaften und Gassi-Partnern, die sich ohne Snoopet nicht gefunden hätten. Das freut uns natürlich tierisch und wir hoffen, dass sich noch viele weitere Menschen über den Hund kennen und vielleicht sogar lieben lernen!

Snoopet

Snoopet ist das erste Kontaktportal für Hundebesitzer in Deutschland. Das soziale Netzwerk bringt sie und Menschen mit gleichen Interessen in der näheren Umgebung zusammen.
Mehr Infos unter: www.snoopet.de

„Ich kann mir ein Leben ohne Hunde kaum vorstellen"

Ein Interview mit Cornelia Poletto, der Hundebotschafterin 2013

Frau Poletto, wie sind Sie Hundebotschafterin 2013 geworden?

„Der Verband des Deutschen Hundewesens hat mich gefragt, ob ich dieses Amt übernehmen würde. Ich habe sofort ja gesagt, denn ich liebe Hunde und setze mich sehr gerne für sie ein."

Welche Verpflichtungen gehen mit diesem Titel für Sie einher?

„Das Amt bringt keine strenge To-Do-Liste mit sich. Hier geht es darum, die Liebe zu Hunden nach außen zu tragen. Mir liegt dabei besonders am Herzen, auf Hunde aufmerksam zu machen, mit denen es das Schicksal nicht so gut gemeint hat. Mein kleiner Dackel-Mischling Franz zum Beispiel kommt aus dem Tierheim und ich bin froh, ihm ein Zuhause geben zu können."

Sie haben zwei Hunde. Wie lebt es sich in einer Großstadt wie Hamburg mit Hunden?

„Sehr gut! Hamburg gehört zu den grünsten Städten in Deutschland. Mit der Alster, der Elbe und dem Stadtpark bietet die Stadt tolle, zentral gelegene Auslaufgebiete."

Wer kümmert sich um Ihre Vierbeiner, wenn Sie sich in Ihrem Geschäft um Ihre Gäste kümmern, auf Tournee sind oder einen Auftritt im Fernsehstudio haben?

„Ich habe viele liebe Freunde, die für mich und damit auch für Rosi und Franz da sind. Am liebsten sind die beiden aber mit meiner Tochter Paola im Stall vor den Toren Hamburgs. Da draußen fühlen sie sich wie zu Hause."

Wenn Sie mit Ihren Hunden auf Reisen gehen: Welches Accessoire/Spielzeug muss immer mit dabei sein?"

„Zwei kuschelige Hundedecken. Damit haben Rosi und Franz - egal wo wir sind – ihren heimischen Wohlfühlplatz im Gepäck."

Wir haben gelesen, dass Sie gerne mit Ihren Hunden um die Alster joggen. Verraten Sie uns Ihr liebstes Auslaufgebiet?

„Wenn wir nicht an der Alster unterwegs sind, gehen wir gern auf die Freilauffläche ins Niendorfer Gehege. Dort liegt der Geruch vom benachbarten Damwild in der Luft, was für die Hundenasen ganz besonders aufregend ist. Außerdem ist man dort fast nie allein, Rosi und Franz finden immer jede Menge vierbeinige Kumpels.“

Zum Schluss: Was bedeutet das Zusammenleben mit Ihren Hunden für Sie?

„Alles. Ich kann mir ein Leben ohne Hunde kaum vorstellen. Es gibt nichts Schöneres als abends nach Hause zu kommen und so überschwänglich begrüßt zu werden als sei man monatelang nicht da gewesen.“

Cornelia Poletto aus Hamburg ist die Hundebotschafterin 2013.

„Shopping-Tipps für Hund & Halter“

Ohne das geht der Sylter Hund von Welt nicht aus dem Haus...

Der Hund ist da. Und nun muss das entsprechende Geschmeide besorgt werden. Da ist es für viele (Neu)-Hundebesitzer nicht immer ganz leicht, den Überblick zu bewahren. Wo kaufe ich was? FRED & OTTO hat sich auf Sylt umgeschaut, was die schier unendliche Welt der Hunde-Accessoires so alles hergibt. Fündig geworden sind wir unter anderem in Keitum bei Birte Petersen in ihrem Geschäft „Stil & Blüte“, in Tinnum im frisch eröffneten Hundegeschäft „Quartier3Neun“ und im mobilen „Sylter Hundeshop“ von Anke Metz.

Ein sicherer Ersatz für Stöckchen, Ball & Co.

1. Tue Gutes und spiele damit

www.treusinn.de

Für alle spielbegeisterten Vierbeiner hat Stephanie Lang von Langen mit dem „Original Spiely“ ein vielfältiges Hundespielzeug entwickelt. Das hat Alberts Hundeherz sofort höherschlagen lassen. Spiely ist ein sicherer und bunter Ersatz für Stöckchen, Ball und Co. Hergestellt wird das Wunderding aus schwimmfähigem und robustem Segeltau in sozialen Einrichtungen in Deutschland. Wir finden, dass „Original Spiely“ ein bemerkenswertes Hundespielzeug von hoher Qualität ist, das den bewussten Hundehalter anspricht.

2. Vom echten Leder ziehen

www.dieFlechtwerkstatt.de

Bei Claudia Bujack in Hohenlockstedt gibt es keine Massenfertigung. Jedes Ihrer qualitativ unglaublich hochwertigen Stücke für den Hund wird von ihr persönlich mit viel Herzblut hergestellt. Das exklusive Sortiment hat sich bis heute laufend erweitert und geändert. Das Besondere an den Norddeutschen Flechtwerken sind neben der hohen Qualität des Leders die Verschlüsse:

Sieht gut aus und kann was ab

Claudia Bujack verwendet ausschließlich hochwertiges Rinderleder und keine Lederimitate. Alle verwendeten Anhänger bestehen aus 925er Sterlingsilber.

3. Hundekissen

www.sylter-hundeshop.de

Ein Hund ist im Urlaub auf Sylt einer deutlich höheren Belastung ausgesetzt als zu Hause. Schließlich liegt er hier im Idealfall nicht den ganzen Tag faul mit Frauchen und Herrchen in der Sandburg herum, sondern ist den ganzen Tag unterwegs, tobt am Strand mit anderen Hunden, geht im Meer baden oder läuft viele Kilometer am Fahrrad nebenher. Die besonderen Hundebetten bieten einen guten Ausgleich. Sie sind mit einer Visco-Auflage ausgestattet. Diese ermöglicht dem Hund ein sanftes Einsinken und eine optimale Stützung des Körpers. Dadurch werden unangenehme und schmerzhafte Druckstellen vermieden und ein tiefer und erholsamer Schlaf gefördert. Diese besonderen Kissen kann man wahlweise mieten (für den Sylt-Urlaub) oder kaufen, um das Urlaubsgefühl für den Hund mit nach Hause zu nehmen.

Wenn er schläft, dann schläft er. Gut.

4. Sylter Leberwurstkekse

www.hundecookies.biz

Leberwurstkekse für den Hund gibt es ja mittlerweile wie Sand auf Sylt. Aber Leberwurstkekse im Syltdesign? Die gibt es nur von „Taras Hundecookies“ und exklusiv bei „Stil & Blüte“. Hergestellt werden die Kekse aus Vollkornmehlen und -flocken von Weizen, Roggen, Dinkel, Buchweizen und Reis. Dazu kommen dann je nach Sorte kaltgepresste Pflanzenöle von Olive, Raps und Leinsaat, Bio-Eier aus Freilandhaltung, Kräuter, laktosefreier Quark, milder Käse, frisch gekochte Fleischbrühe, Gemüse oder Nüsse. Und natürlich gibt es die Kekse auch für allergische Hunde.

Für Leichtmatrosen und Einhandsegler

Die eigene Quelle immer dabei

5. Hundeschwimmweste (nicht nur) für Strand und Watt

www.tiierisch.de

Diese Schwimmweste für Hunde bietet optimalen Schutz bei Segeltörns, Bootsausflügen und Wasserspielen. Sie schützt bei Stürzen aus dem Boot und gibt auch bei Spiel und Training in Gewässern mehr Sicherheit. Der gute Tragekomfort wird durch die anatomische Form gewährleistet. Dank der Klettverschlüsse und Nylongurten mit Schnappverschlüssen verschafft die Weste festen Halt. Die Signalfarbe und die reflektierenden Streifen helfen für eine schnelle Ortung. Der Bergegriff im Rückenbereich sichert kräftiges Zupacken in gefährlichen Situationen. Die Schwimmweste gibt es für unterschiedliche Gewichtsklassen.

6. Sylter Fonticulus

www.sylter-hundeshop.de

Ein aktiver Hund benötigt mehrere Liter frisches Wasser am Tag. Das kann auf Reisen oder langen Aufenthalten im Freien zum Problem werden. Die Lösung ist der „Sylter Fonticulus“. Die einzigartige Konstruktion vereint Tragegriff, Trinknapf, Einfüllstutzen, Pumpe und einen Wassertank für zwei Liter Frischwasser zu einer kompakten und leicht zu transportierenden Frischwasserquelle. Der Sylter Fonticulus ist kinderleicht zu bedienen und sofort einsatzbereit und dadurch ideal für den Strand, für Veranstaltungen, unterwegs im Auto, bei längeren Spaziergängen oder im Restaurant.

7. Lecker Essen

www.edenfood.de

Für Christoph Edenhofer ist eine nährstoff- und vitaminreiche Ernährung eine Grundvoraussetzung für ein gesundes Leben unserer

Tiere. In seinem Familienbetrieb – einem ehemaligen Gutshof am Starnberger See – stellt er Tierfutter in BIO-Lebensmittelqualität her, das als Alleinfutter für Hunde perfekt auf deren Bedürfnisse abgestimmt ist. Durch die ökologische Produktion tragen die Edenfood-Produkte darüber hinaus zum Umwelt- und Tierschutz bei. Bio-Produktion erfordert Handwerk und Leidenschaft: Ausgewogene Zutaten von regionalen Lieferanten, die nachhaltige Produktion, sowie die Konservierung in umweltfreundlichen Gläsern machen Edenfood unserer Meinung nach zu einem Futter erster Güte.

Edenfood - Tierfutter in BIO-Lebensmittelqualität

8. Hamburger Kugeln

www.hamburgerkugeln.de

Hamburger Kugeln werden in einer kleinen Manufaktur am Rande der Hansestadt von Hand gefertigt. Tatiana Gritsenkos Devise ist dabei ganz einfach: Nur reine Ware! Denn Leckerlis sollten unserer Meinung nach den gleichen Anforderungen gerecht werden wie Hundenahrung generell: artgerecht und gesund. Hamburger Kugeln enthalten nichts weiter als frische Rinderleber, und Bio-Hüttenkäse. Weil die Kugeln hochwertige Proteine und wenig Kohlenhydrate enthalten, sind sie keine Dickmacher. Die Trüffel werden in Handarbeit gefertigt und bei niedrigen Temperaturen schonend gebacken. Für ein Kilo „Weiße Trüffel" werden 1,4 Kg Bio-Hüttenkäse benötigt. Und in einem Kilo „Schwarze Trüffel" stecken 1,7 Kilo frischer Rinderleber.

Die schmecken auch auf Sylt

Und hierauf kann getrost verzichtet werden:

Ohne Worte!

1. Hundepoplakette

Geschenkt! Nicht jeder Hundepopo sieht wirklich hübsch aus. Selbstverständlich ist das Hinterteil des eigenen Hundes für jeden Hundebesitzer die einzig akzeptable Ausnahme. Aber mal ehrlich: Wer braucht denn eine Po-Plakette für den Hund? Wir haben ja auch keinen Aufkleber vorm Mund, auf dem steht „Vorsicht, schlechte Zähne!" Außerdem läuft ein gut erzogener Hund ja sowieso hinter seinem Besitzer her. Und nicht vorweg. Also hat sich diese optische Herausforderung (zumindest für den eigenen Hund und seinen Besitzer) schon mal erledigt.

2. Hunderegenschirm

Nicht umsonst spricht der geneigte Nordfriese davon, dass es grundsätzlich kein schlechtes Wetter, sondern nur die falsche Kleidung gibt. Zu so einer falschen Kleidung darf auf Sylt auch ein Regenschirm gezählt werden. Nicht, weil es hier oben nicht regnen würde. Ganz im Gegenteil. Nur: Haben Sie schon mal versucht, bei Windstärke sieben mit Ihrem Hund UND einem aufgespannten Regenschirm ohne größere Blessuren Ihre Gassirunde zu überstehen? Sehen Sie! Der klappt um, knickt ab, bricht durch. Und dieses Schicksal möchte Sie Ihrem Hund doch sicherlich ersparen, oder?

Zu viel Wind auf Sylt für einen Regenschirm

Stil & Blüten für Sylter Fellnasen

Birte Petersen weiß, was Vierbeiner auf der Insel brauchen

Keitum ist ein wunderschönes Friesendorf mit vielen reetgedeckten Häusern und Allen, die die kleinen Straßen und Gässchen säumen. In einer dieser Straßen, dem Gurtstig, findet sich seit mehr als 13 Jahren das Geschäft „Stil & Blüte". In dem alten Geschäftshaus, das früher die Heimat des guten alten „Tante Emma Ladens" im Dorf war, dreht sich bei Inhaberin Birte Petersen und ihrem Team auf den ersten Blick alles um das Thema Floristik. Der Clou ist aber, dass man hier im „Stil & Blüte" auch sehr edle Accessoires für Hunde und Halter erstehen kann. Angefangen beim handgearbeiteten Lederhalsband der Hamburger „Flechtwerkstatt", über Biothane-Schleppleinen, kleine Belohnungsleckerlis von Cheney & Friends oder die legendär leckeren und selbstgebackenen Hundecookies in Syltform aus der Manufaktur „Taras Hundecookies". Die gibt es auf der ganzen Insel exklusiv und einmalig in Birte Petersens Geschäft. „Die

Exklusive Cookies in Syltform von Taras Hundecookies

Hundecookies in Syltform sind natürlich etwas ganz Besonderes", verrät die sympathische Inhaberin. „In jeden dieser in einer kleinen Manufaktur handgefertigten Kekse kommen nur Lebensmittel, die wir auch zu Hause ohne Bedenken essen würden." Das heißt: Kalt gepresste Pflanzenöle, Vollkornmehle, laktosefreier Quark, milder Käse und Bio-Eier aus Freilandhaltung. Für das leibliche Wohl der Vierbeiner, die mit ihren Frauchen und Herrchen in das geschmackvoll eingerichtete Geschäft im Sylter-Osten kommen, sorgen auch die ebenfalls in Handarbeit hergestellten „Hamburger Kugeln". Gehaltvolle, kugelrunde und mit frischer Rinderleber zubereitete Hundeleckerlies. Freunde liebevoll gezeichneter und ironisch getexteter Hundecomics kommen in dem Keitumer Kleinod ebenfalls voll auf ihre Kosten. „Bill Nein! ist der absolute Renner hier bei uns im Laden", verrät Birte Petersen. „Das ist eine Hundegeschichte in Comicform. Jeder der sich mit Hunde-Erziehung beschäftigt hat, weiß ja, dass Humor und Verzweiflung hier immer ganz dicht beieinander liegen", erzählt die Hundeliebhaberin mit einem Schmunzeln. Den gewitzt, erfrischend und ehrlich geschriebenen Comic bekommen im „Stil & Blüte" nicht nur Hundeliebhaber für 9,80 Euro. Ganz egal also, ob der Sylt-Besucher elegante Blumengestecke, lustige Hundecomics oder Hundekekse und Accessoires für seinen Vierbeiner sucht: Ein Besuch in dem kleinen Geschäft mitten in Keitum lohnt sich immer und auf jeden Fall.

Stil & Blüte

Birte Petersen
Gurtstig 33
25980 Sylt / Keitum
Tel.: 04651-936191
Fax: 04651-936178
Mail: stilundbluete@hotmail.com
Web: www.stilundblüte-sylt.de

„Was macht der Hund auf dem Sofa?“

Anke Metz betreibt Deutschlands einzige Hundebetten-Vermietung für Urlauber

„Eins ist doch wohl sonnenklar: Wenn Sie mit Ihrem Neufundländer in eine Ferienwohnung einziehen und der Hund keine Lust hat, auf einer dünnen Wolldecke auf dem Boden oder meinetwegen auch auf dem Teppich zu liegen, dann übernimmt er die Sofa-Herrschaft. Oder legt sich gleich mit ins Bett. Sie glauben gar nicht was ich schon alles erlebt habe.“ Doch. Glauben wir gerne. Anke Metz schmunzelt, als sie FRED & OTTO in einem Café direkt am Westerländer Bahnhof von ihrer deutschlandweit einzigartigen und einmaligen Idee berichtet. Sie vermietet Hundebetten – auch für große und sehr große Hunde – an Sylter Feriengäste und natürlich an deren Hunde. Es ist Samstag: Bettenwechsel auf der Insel. Anke Metz schlägt das Café am Bahnhof vor, weil sie von diesem zentral auf der Insel gelegenen Ort in kürzester Zeit ihren nächsten Kunden erreichen kann. Und weil das „Entrée“, so heißt das Café, ausgesprochen hundefreundlich ist. Ihr Leonberger „Stöpsel“ liegt mehr neben, als unter dem zierlichen Bistrotisch. Als die Kellnerin drei Pötte dampfenden Kaffees bringt, steigt sie ungerührt und gutgelaunt über Stöpsel hinweg. Wer mit seinem Hund in die Ferien oder auch nur in ein verlängertes Wochenende fährt, weiß, wie viel zusätzliches Gepäck mit im Gepäck ist. Hundekörbchen, Decke oder Fell, Spielzeug, Futter, Leine. Bei einem kleineren, Trockenfutter fressenden Hund ist man im besten Fall mit einer mittelgroßen Reisetasche dabei.

Wie Hund sich bettet, so liegt er.

Wenn der Hund allerdings größer ist und/ oder frisches Fleisch frisst, also das sogenannte Barfen, dann steigt der Platzbedarf sprunghaft an. Und wenn man dann noch mit der Bahn anreist und sich auf der Insel lediglich Fahrräder aber keinen Mietwagen mietet, dann hat das Kofferpacken im Vorfeld der Reise eher etwas von „Tetris" als von entspannter Vorfreude. Anke Metz hat aus der Not vieler Reisender eine Tugend gemacht. Sie bietet in ihrem Sylter Hundeshop nicht nur den deutschlandweit einzigartigen Hundebetten-Mietservice an, sondern auch einen täglichen Frischfutter-Lieferservice. Denn nicht jedes Hotel, das für Hunde ein tägliches Entgelt zwischen neun Euro (Hotel Hofgalerie, Morsum) und 49 Euro (Arosa-Resort, List) in Rechnung stellt, füllt diese Summe auch mit Leistung. Während in der Morsumer Hofgalerie zwei Näpfe, Leckerlis und eine Hundedecke inkludiert sind, gibt es für die sehr hohe Tagespauschale im Arosa in List: gar nichts. Sondern nur das Recht, seinen Hund mit aufs Zimmer zu nehmen.

Vermieter schätzen den Service von Anke Metz

„Ich habe vor Jahren auf der Insel eine Dame kennen gelernt, die mit ihrem Pudel im Hotel Stadt Hamburg abgestiegen ist. Unfassbar, wie sich diese zierliche Frau an ihrem Weidenkörbchen abgeschleppt hat", erinnert sich Anke Metz über ihrer Tasse Kaffee. Das Bild habe ich so schnell nicht wieder vergessen und irgendwann war sie dann da, die Idee mit der Hundebetten-Vermietung." Was sich im ersten Moment nach einem lustigen Start-Up anhört, hat in der Praxis tatsächlich einige Jahre benötigt, um sich erfolgreich entwickeln zu können. „Es ist ja so, dass die meisten Urlauber gerne Geld für ein schickes Hotel oder eine große Ferienwohnung ausgeben. Für gutes Essen und natürlich auch für Mitbringsel oder schöne, auf der Insel während der Ferien gekaufte neue Kleidung. Aber an der Unterbringung für ihren Hund, da sparen die meisten dann." Ob bewusst oder ohne genauer darüber nachzudenken, das vermag auch Anke Metz nicht zu beurteilen. Sie hat sich jedenfalls an die Arbeit gemacht, im wahrsten Sinne des Wortes Klinken geputzt und ist bei so ziemlich fast jedem gehobene Hotelier und Ferienwohnungs-Vermieter auf der Insel vorstellig geworden. „Die Vermieter sind richtig happy! Endlich können sie einigermaßen sicher sein, dass die mitreisenden Hunde nicht auf Sofas und Betten springen und die Putzfrauen in den Wahnsinn treiben, die das Hotelzimmer oder die Wohnung nach der Abreise wieder für den nächsten Gast herrichten", sagt Anke Metz. Sie fährt fort: „Die Herausforderung besteht nur darin, den Gästen das Angebot schmackhaft zu machen." Denn während die Vermieter ihren Service schätzen – Lieferung am Anreisetag, bevor die Urlauber das Hotelzimmer oder die Ferienwohnung beziehen; Abholung der Sachen direkt nach Abreise der Gäste – sehen viele Hundebesitzer in erster Linie den Preis. Anke Metz rechnet vor: „In der ersten Woche zahlen Sie pro Tag sieben Euro für das Hundebett, eine Decke und zwei Näpfe. Macht 49 Euro für die erste Urlaubswoche. In der zweiten Woche zahlen Sie sechs und ab der dritten Woche fünf Euro pro Tag." Bedeutet für einen dreiwöchigen Urlaub auf Sylt 126 Euro – also einmal schick Essengehen mit der Familie – an zusätzlichen Kosten dafür, dass der Hund bequem schläft und man sich bei An- und Abreise nicht mit zusätzlichem Gepäck herumschlagen muss. Denn eines ist ja klar: Ein Hund ist im Urlaub auf Sylt einer deutlich höheren Belastung ausgesetzt als zu Hause. Er ist den ganzen Tag unterwegs, tobt am Strand mit anderen Hunden, geht im Meer baden oder er läuft viele Kilometer am Fahrrad. Die Hundebetten, die Anke Metz vermietet bieten einen guten Ausgleich. Durch die Auflage aus Viskose ermöglichen sie besonders großen Hunden ein sanftes Einsinken und optimale Stützung des Körpers, ohne unangenehme und schmerzhafte Druckstellen zu verursachen. Das wiederum fördert einen tiefen und erholsamen Schlaf. Ganz im Gegensatz zur Schlafstelle auf einer auf dem Fußboden ausgebreiteten Decke. Dass Betten, Decken und Näpfe nach jeder Rückgabe frisch gereinigt und desinfiziert werden, versteht sich natürlich von selbst. „Ich versuche jetzt seit zwei Jahren, den Gästen meinen Service näher zu bringen. Und so ganz langsam merke ich, dass die Mundpropaganda einsetzt und ich durch Empfehlungen meiner Stammkunden neue Gäste vermittelt bekomme, die meinen Service ausprobieren möchten.“

„Sylter-Hundeshop“

Anke Metz
Alte Dorfstraße 3a
25980 Sylt/OT Tinnum
Tel.: 04651-995830
Mail: info@sylter-hundeshop.de
Web: www.sylter-hundeshop.de

Den Catwalk zum Dogwalk machen

Der Designer Stefan Wolf bietet mit seinem Quartier3neun Lifestyle für Hund und Mensch

Es gibt die Kleinen und die ganz Großen, die Wachsamen und die Neugierigen, die Gemütlichen und die Stürmischen, die Clowns und die echten Kumpel. Und für jeden will das Quartier3neun nach eigener Aussage nur eins: das Beste. Das meinen zwar viele, zu bieten. Bei Inhaber Stefan Wolf hat dieser Anspruch jedoch ein Fundament. Quartier3neun ist mit seinem Angebot keine klassische Hundeboutique. Eher ist es Concept-Store mit ständig wechselnden und außergewöhnlichen Produkten. Der Kopf hinter dem Konzept ist der junge Interior-Designer Stefan Wolf. Der ist angetreten zu beweisen, dass Hundehaushalte nicht zwangsläufig nur praktisch und mit den immer gleichen Sachen aus der Massenproduktion versehen sein müssen. Vielmehr hatte er die Vorstellung, ein umfassendes Design- und Living-Konzept anzubieten. Lifestyle für Hunde ist eingebettet in diese Philosophie und eine Welt, die schön sein soll – für Zwei- und Vierbeiner.

Als einheitlichen Stil will Wolf sein Angebot nicht verstanden wissen. „Wir arbeiten eng mit Interior- und Fashiondesignern aus der ganzen Welt zusammen", so Wolf. Er kauft seine Ware fast nur bei kleinen Manufakturen und kreativen Köpfen ein – rein Kommerz orientiere Großunternehmen sind für ihn tabu. Und so ein Ansatz kann dann auch schon mal bedeuten, die Nadel im Heuhaufen zu suchen. Auf der Suche nach den besten und nachhaltigsten Produkten bereist er ganz Europa. So trägt er Produkte zusammen wie spacige Hundebetten, aber auch Möbel und Leuchten bis hin zum lässigen Sportrucksack für Herrchen. Das meiste wird für die Fellnasen allerdings maßgeschneidert. Aufmaßtermine und Anproben finden im Ladenlokal in Köln und auf Sylt statt. Der Hund von Welt lässt sich das schon mal was kosten. FRED & OTTO waren begeistert von dieser Auswahl von schönen, außergewöhnlichen und manchmal auch exzentrischen Produkten. Reinschauen lohnt sich.

Quartier3neun

Keitumer Landstrasse 10c
‚Alte Meierei'
25980 Sylt/OT Tinnum
Tel.: 04651-942 8747
Mail: info@quartier3neun.de
Web: www.quartier3neun.de

Was wünschen sich Nichthundehalter von Hundehaltern?

Julia Tasker:

„Hier auf Sylt treffe ich in der Regel nur auf gutgelaunte, fröhliche und verantwortungsvolle Hundebesitzer. Das gefällt mir. Ich würde mich freuen, wenn das so bleiben könnte und Hunde- und Nichthundebesitzer weiterhin so gut miteinander auskommen, wie das bisher der Fall ist."

Petra Hinz:

„Ich mag Hunde sehr gerne. Hier im Hotel haben wir sogar einen echten Haushund. Was mir allerdings nicht gefällt ist, dass Hundehalter manchmal ‚vergessen' die Tretminen ihres Hundes zu entsorgen. Hier auf Sylt gibt es an jedem Mülleimer einen Kotbeutel-Spender. Ich würde mir wünschen, dass mehr Hundehalter davon Gebrauch machen. Und die Beutel auch in den Mülleimer werfen, anstatt sie auf dem Bürgersteig liegen zu lassen."

Anja Paetow:

„Hunde finde ich klasse. Absolut. Aber eines ärgert mich schon immer mal wieder: Warum können die Hundebesitzer die Hinterlassenschaften ihres Hunde nicht aufsammeln? Hier gibt es an jedem Mülleimer Hundebeutelchen. Das kann ich nicht nachvollziehen. Ein paar verhalten sich schlecht und der Ruf von allen Hundebesitzern leidet dann darunter."

Grit Benn-Ott & Mario Baustert:

„Wir sind absolute Hundefreunde. Aber eins liegt uns am Herzen: Liebe Hundebesitzer, nehmt doch bitte den Hundedreck Eurer Vierbeiner mit und lasst ihn nicht überall herumliegen. Das gefällt uns weder hier auf Sylt in den Dünen und am Strand, noch bei uns zu Hause im Taunus. Schließlich gibt es ja überall kostenlose Hundebeutel."

Katrin Kerk:

„Ich mag Hunde sehr gerne. Aber eines ärgert mich immer wieder: Warum können Hundebesitzer nicht diese kleinen Tütchen benutzen und die Häufchen ihrer Vierbeiner wegräumen? Das finde ich sehr unhöflich anderen Menschen gegenüber."

Andreas Schmidt:

„Als Vater von Kindern wünsche ich mir mehr Respekt und Achtsamkeit von Hundebesitzern. Sie sollten nicht davon ausgehen, dass Kinder Hunden grundsätzlich angstfrei begegnen und sie mögen. Ich erlebe häufig am Strand, dass Hunde ohne Leine herumlaufen und schnüffeln und lecken. Diese Form von Ignoranz begegnet mir leider immer wieder und schmälert meine Begeisterung im Umgang mit diesen ja überwiegend freundlichen Tieren."

Gott & die Hundewelt Trauer & Tod

Kommen Hunde eigentlich in den Himmel? Wie trauert man beim Tod seines besten Freundes auf vier Pfoten und: wie passen Tiere, Spiritualität & Religion zusammen? Tod und Trauer gehören halt auch zum Hunde-Leben. Selbst in den Ferien, wie die Schleswig-Holsteinische Tierbestatterin Margit Delos und Tierkrematoriums-Betreiberin Barbara Rohwer zu berichten wissen...

„Ich will ja nicht die Tiere begöschern“

Zu Gast beim Gottesdienst für Hund und Halter

„Und denken Sie daran: Nicht klatschen, sondern einfach die Arme hochhalten und die Handflächen immer schön hin und her drehen“, ruft uns die ältere Dame mit weißem Pudel nach, als wir ins Innere der modernen Kirche „Zum Guten Hirten“ gehen. Die Dame heißt Helga Tuchscher und enttarnt uns vor dem Gebäude als Novizen, die zum ersten Mal in Pastor Holger Jankes Gottesdienst für Menschen und Tiere zu Besuch sind. Mimmi, Helga Tuchschers Pudel, zeigt vor Beginn des Gottesdienstes reges Interesse an unserem Hund Albert. Der freut sich über die ungeteilte Aufmerksamkeit. Das wird sich im Laufe der kommenden 60 Minuten ändern. Denn auch Tiere können sich offenbar nicht der sakralen Atmosphäre einer Kirche entziehen und lauschen Pastor Holger Janke.

Bibel und Tier: schwierig. Das Jesuskind wird zwar nach seiner Geburt in einem Stall in einer Futterkrippe schlafen gelegt. Aber irgendwie dienen Tiere in der Theologie eher als Dekoration. Kirche und Tier heute: Eher so eine Beziehung wie Feuer und Wasser. Um es mal vorsichtig auszudrücken. Oder haben Sie schon einmal ernsthaft versucht, Ihren Hund mit in einen Gottesdienst zu nehmen? Auf Sylt schlichtweg unmöglich! Und dabei muss das ja noch nicht einmal an Weihnachten sein... Mittlerweile füllen sich die Bänke in Hamburg-Langenfelde. Alte Männer, ein paar junge Frauen, dazwischen das FRED & OTTO Team. Albert freundet sich gerade mit „Tölpel“, der durch die Kirche wuselnden Hündin des Pastors, an.

Bibel und Tier – ein schwieriges Verhältnis

Von den gut 60 Besuchern kennen sich die meisten, die 12 anwesenden Hunde vertragen sich und verhalten sich ruhig und friedlich. So, wie man es auch seinen Kindern in der Kirche ins Gebetbuch schreiben würde: „Sitz still, zappel nicht rum, nicht reden“, pardon: bellen. Pastor Holger Janke, ein erfrischend humorvoller und weltoffe-

Ach Du heiliger Hund!

ner Mann, legt zu Beginn der Feier die Regeln fest: Nicht klatschen, sondern mit den Händen winken, immer sitzen bleiben, egal, was die Liturgie eigentlich vorschreibt. „Denn das“, so der Pastor, „signalisiert ‚Aktion’ und dann wird's hier unruhig im Saal.“ Und das wolle man nicht, schließlich, so Holger Janke, sei Kirchenschlaf ja der gesündeste Schlaf.

„Hat nicht Gott die Weisheit der Welt zur Torheit gemacht?“ Das Thema der Predigt hört sich nur im ersten Moment etwas sperrig an. Verknüpfungen mit dem Hier und Jetzt werden erstellt, Fragen in den Raum geworfen, Antworten entwickelt: „Wo sind die Heiligen in unserer Welt? Wo sind die Geistträger, die uns inspirieren, die Licht versprühen und uns anstecken?“ Kirche kann wunderbar weltlich sein. Albert saugt die Ruhe auf, die offensichtlich von der Kraft dieser Veranstaltung ausgeht und lässt sich von Pastors Hündin anschäkern. Abkündigungen, ein Hinweis auf die Kollekte, die heute für den eigenen Tierschutz in der Langenfelder Kirchengemeinde gedacht ist. Dann die Bitte, den gemeinsamen Kirchenkaffee im Anschluss an den Gottesdienst zu besuchen: Und schon sind 60 Minuten um. 60 Minuten, in denen Albert – entgegen seiner sonstigen Vorlieben und Gepflogenheiten – stillschweigend und eben hin und wieder etwas schäkernd im Kirchengang auf dem dunkelgrauen Schieferboden gelegen hat. Im Grunde genommen also ein Gottesdienst, wie viele andere auch. Nur halt mit Tieren, in diesem Fall mit Hunden. Bleibt die Frage nach dem „Warum“? Warum bietet Pastor Janke alle sechs Wochen einen Gottesdienst für Men-

Na das kann ja heiter werden...

schen und
Tier an? Der Nächste findet übrigens am 4. Advent statt.

Holger Jankes intensives Engagement in der Gruppe „AKUT“ hat, neben seinen Studien und dem regen Austausch mit Kollegen zu neuen Denkansätzen geführt: „Ich war vorher 12 Jahre in Scharbeutz Pastor. Als ich nach Hamburg gekommen bin, habe ich viel Tradition mitgenommen. Aber ich wusste auch, dass Kirche so, wie sie sich bisher sieht, einer schwierigen Zukunft entgegenschaut. Und es ist ja nicht so, dass ich hier nur die Tiere begöschern will.“

Respekt sollte nicht beim Zuklappen von Bibel und Gesangbuch enden

Er zitiert Hiob: „Frag doch die Tiere, frag die Fische im Meer, frag die Vögel in den Bäumen.“ Hier in Langenfelde, sagt Janke, sei er durch die vor Ort bestehenden Notwendigkeiten und Probleme dazu gedrängt worden, sich mit neuen Realitäten auseinanderzusetzen. Es macht ihm Spaß, am Thema zu arbeiten und neue Ansätze zu entwickeln, alte Fragen einmal anders zu beantworten: „Darum habe ich Theologie studiert, um die Bibel neu zu entdecken. Da ist noch so viel rauszuholen.“ Unter anderem ist für ihn die Frage „rauszuholen“, warum Gott die Tiere geschaffen hat, warum der Mensch immer mit Tieren gelebt hat, warum wir dick und satt gegessen sind und trotzdem mehr als 13.000 Menschen pro Tag weltweit verhungern.“ Diese Fragen sind es gewesen, die den Pastor vor 12 Jahren dazu bewegt haben, neue Pfade zu betreten. „Es hat 10 Jahre gebraucht, bis hier wieder normale Gemeindearbeit geleistet wurde. Da war fast nichts mehr, als ich die Pfarrstelle übernommen habe.“ Und ein Punkt, Menschen wieder in das kirchliche Leben mit einzubinden, war, die Haustiere nicht länger auszuschließen. „Wenn Sie Ihren Hund oder Ihre Katze nicht alleine lassen können oder wollen: Warum nicht mitbringen?“ Holger Janke träumt von einer ganzheitlichen Kirche, in der Fragen

Von wegen „Kirchenschlaf“...

Wie gut, dass nicht Mimi, sondern nur Helga Tuchscher singt

wie „Darf ich meinen Hund mit in den Gottesdienst bringen?“ irgendwann keine Relevanz mehr besitzen. Er träumt von einer Kirche, in welcher der Respekt der Gemeinde der Schlüssel zum gegenseitigen Verständnis ist. Und in der Respekt nicht beim Zuklappen von Bibel und Gesangbuch endet.

Insofern ist der Gottesdienst für Mensch und Tier in der Kirche „Zum Guten Hirten“ in Hamburg-Langenfelde also gar keine große Besonderheit.

Albert freut sich schon auf den 4. Advent, wieder Schäkern mit Pastors Hündin. Und wir sind auch schon gespannt auf die nächste Predigt für Hund und Halter. (Mike Meinert)

Kirchengemeinde Langenfelde

„Zum guten Hirten“
Försterweg 12
22525 Hamburg
Pastor Holger Janke
Tel. 040 - 545 149
Mail: buero@kg-langenfelde.de
Web: www.kg-langenfelde.de

„Wer vergleicht, erlebt keine Überraschungen“

Die schleswig-holsteinische Tierbestatterin Margit Hermanns im Gespräch

Nicht nur die Zeit von Menschen auf dieser Erde ist endlich, auch für Hunde gilt das. Ist der Zeitpunkt des Abschiedes gekommen und der Hund gestorben, dann trauert der Mensch oft längere Zeit. Eine schwere Lebensphase steht bevor. Besonders dann, wenn man mit seiner Trauer alleine dasteht. Ein Segen, dass es da hilfsbereite und freundliche Menschen wie Margit Hermanns aus dem kleinen Örtchen Heist vor den Toren Hamburgs gibt. Margit Hermanns ist Tierbestatterin. Sie nimmt sich an einem typisch norddeutschen, verregneten Mittwochvormittag für FRED & OTTO Zeit und empfängt mich in ihrem geschmackvoll eingerichteten Büro im ersten Stock eines rotgeklinkerten Einfamilienhauses. Ein Büro, das eher an eine gute Stube erinnert, als an die Zentrale ihrer Firma „Delos-Tierbestattung“. Dicke Teppiche, gediegene Kirschbaummöbel, Dachschrägen und Sprossenfenster. Im Radio läuft R.SH. Ihre beiden Hündinnen Anna und Gina verfolgen das Gespräch neugierig mit gespitzten Ohren und großen Augen. Gina möchte unbedingt ihren Teddy auf meinem Schoß platzieren. Margit Hermanns möchte das nicht. Gina lässt sich davon allerdings nicht wirklich beeindrucken.

Frau Hermanns, es gibt in Hamburg eine ganze Menge Tierbestatter. Wir haben lange recherchieren und uns umhören müssen, bis wir nach diversen Empfehlungen bei Ihnen gelandet sind. Wie finde ich denn als trauernder Hundebesitzer nach dem Tod meines Hundes einen seriösen und zuverlässigen Tierbestatter, ohne stundenlang recherchieren und telefonieren zu müssen?

„Wir Tierbestatter sind ja mittlerweile alle im Internet vertreten. Sehen Sie sich die verschiedenen Webseiten an und hören Sie auf Ihr Bauchgefühl. Die unabhängigen regionalen Tierbestatter sind meist selbst Tierhalter und deshalb auch mit entsprechendem Herzblut dabei. Rufen Sie an und führen Sie ein kurzes unverbindliches Informationsgespräch. Befassen Sie sich Beizeiten mit dem Thema, auch wenn es schwerfällt, denn am Tag X sind Sie dazu möglicherweise nicht in der Verfassung. Vergleichen Sie außerdem Leistungen und Preise genau, damit Sie später keine Überraschungen erleben.“

Von welchen Überraschungen sprechen Sie?

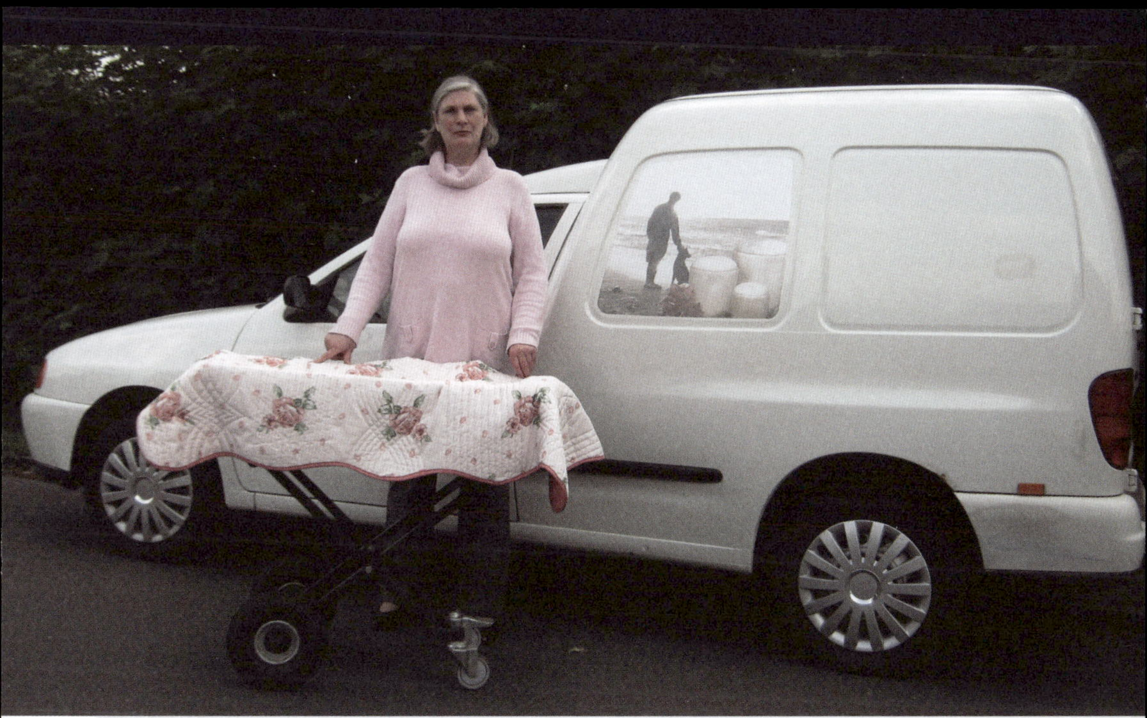

Tierbestatter fahren meistens in einem weißen Auto

„Schauen Sie ob die Preise Festpreise sind und was genau sie beinhalten, ob Wochenend- oder Feiertagszuschläge anfallen, ob bei der Abholung Ihres Tieres Vorkasse geleistet werden muss und ob der Tierbestatter auch in den Abendstunden für Sie verfügbar ist."

Welche Leistungen sind denn in Ihrem Preis für eine Tierbestattung – ganz unabhängig von der Größe des Hundes – enthalten?

„Abholung und Überführung, Einäscherung, Rückführung der Asche: In der Preisliste ist jede einzelne Leistung präzise mit Festpreis angegeben. Aber meine Dienstleistung ist ja viel mehr, als nur einen Hund oder ein anderes Haustier abzuholen und in das Krematorium zu überführen. Schauen Sie: Sie rufen mich an. Morgens, nachmittags oder nachts um halb drei. Ihr Hund ist gerade verstorben und Sie stehen, mehr oder weniger, neben sich..."

Nachts um halb drei?

„Das passiert nicht so oft, aber ja: DELOS-Tierbestattung ist rund um die Uhr erreichbar. Das ist bei den meisten meiner regionalen Kollegen in Hamburg und Schleswig-Holstein so. Natürlich führe ich mitten in der Nacht keine Informationsgespräche. Dafür bin ich tagsüber verfügbar. Aber wenn ein Tier nachts verstirbt und der Halter in seiner Hilflosigkeit und seinem Kummer dann bei mir anruft, finde ich immer ein paar beruhigende Worte, nehme die Anschrift auf und komme dann gleich am nächsten Morgen. Dann können alle Wünsche besprochen werden und ich nehme mich des Tieres an.

Meist bittet man mich aber tagsüber um meine Unterstützung. Natürlich hole ich den Vierbeiner auch aus der Tierarztpraxis ab, wenn er dort verstorben ist. Für den Tierhalter soll der ganze Ablauf so stressfrei wie möglich sein. „Mein Lumpi liegt in der Praxis XY" Ich trete dann mit dem Tierarzt in Verbindung. Ist Lumpi in meiner Obhut, besprechen der Halter und ich alles weitere. In der Regel wird der Vierbeiner eingeäschert, es kann aber auch die Beisetzung auf einem Tierfriedhof organisiert werden."

Ich bin präsent, wenn ich das Gefühl habe, mein Gegenüber möchte sich mitteilen

Das heißt also, dass Sie die verstorbenen Hunde nicht bei sich aufbewahren und gesammelt ins Krematorium bringen, sondern jeden Hund einzeln und auf direktem Weg überführen?

„Ganz genau. Einen eigenen verstorbenen Hund würde ich nicht in einem Sammelcontainer wissen wollen, und so wie ich es mir für meine Tiere wünsche, so gehe ich auch mit den mir anvertrauten Fellnasen um. Ich fahre mit jedem Hund einzeln direkt in das Haustierkrematorium. Dort wird der verstorbene Hund dann innerhalb von drei Tagen kremiert."

Kann ich Ihnen auch ein eigenes Behältnis mitgeben, oder muss ich eine der Urnen kaufen, die Sie auf Ihrer Homepage anbieten?

„Nein – das müssen Sie natürlich nicht. Sie können Ihren Hund, also seine Asche, in jedem beliebigen Gefäß aufbewahren oder beisetzen."

„Wir waren bei den Kosten und Aufwänden. Der Hund wurde kremiert und was passiert dann?"

„Innerhalb einer Woche nach der Abholung des Tieres wird seine Asche dem Halter übergeben. Einige Tierbesitzer entscheiden sich auch dafür, die Asche durch uns ausstreuen zu lassen."

Wie kann ich denn sicher gehen, dass ich dann auch tatsächlich die Asche von meinem Hund bei mir zu Hause auf dem Kaminsims stehen habe. Und nicht irgendeine Asche?

„Das ist eine gute Frage und ich kann Sie da wirklich beruhigen. Ich kenne jeden meiner Schützlinge mit Namen. Bei mir erhält jedes Tier seine persönlichen Begleitpapiere. Darin wird unter anderem die Rasse des Hundes festgehalten. Und natürlich werden auch die Überführungsabläufe exakt protokolliert. Außerdem bekommt jeder einzeln kremierte Hund einen Schamottstein mit einer eingravierten Nummer. Dieser Stein wird Ihrem Tier dann bei der Abholung beigelegt. Die

Nummer wird festgehalten und Sie erhalten eben diesen speziellen Stein zusammen mit der Asche Ihres Tieres zurück. Zusätzlich erhalten Sie noch ein Zertifikat über die Kremierung."

Verraten Sie mir, warum Sie ein weißes Firmen-Auto fahren? Ich dachte immer, Bestatter wären mit schwarzen Wagen unterwegs?

„Die Autos von Tierbestattern sind meistens weiß. Und ich habe ja noch nicht mal Werbung auf dem Auto. Das liegt einfach daran, dass die meisten meiner Kunden gar nicht möchten, dass deren Nachbarn oder das Umfeld mitbekommt, dass ihr Hund gestorben ist. Sie möchten auf der Straße nicht auf ihren Kummer angesprochen werden. Das ist der Grund, warum ich in weiß und ohne Werbung daherkomme."

Sind Sie die geborene Tierbestatterin? Was zeichnet diesen Beruf im Allgemeinen und Sie ganz im Besonderen aus?

„Wichtig finde ich, sich immer neu auf den Menschen einzustellen und ihn dort abzuholen, wo er steht. Jede Situation ist individuell. Der eine Tierhalter teilt die ganze Lebensgeschichte seines Vierbeiners mit mir, inklusive Fotoalben anschauen, ein anderer möchte seinen Kummer mit sich allein ausmachen. Ich stelle das Gesprächsangebot in den Raum und der Tierhalter kann es nutzen wenn er möchte."

Das heißt, Sie bieten auch eine spezielle Trauerbegleitung an?

„Naja, was heißt Trauerbegleitung. Ich bin präsent, wenn ich das Gefühl habe, mein Gegenüber möchte sich mitteilen."

Haben Sie ein Beispiel für uns?

„Vor ein paar Jahren wurde ich zu einem Ehepaar gerufen um mich ihres verstorbenen Hundes anzunehmen. Während die Dame des Hauses in ihrem Kummer extrem beherrscht erschien, hatte ich den Eindruck, dass der Ehemann sich gern mitteilen wollte.

Er begleitet mich zum Auto und wir unterhielten uns noch eine Weile. Es stellte sich heraus, dass der Hund, den ich gerade in meine Obhut genommen hatte, eigentlich der Tochter des Ehepaars gehörte. Sie war bei einem tragischen Unglück ums Leben gekommen und der Vierbeiner war eine Art letztes Bindeglied zur Tochter gewesen. Auf diesem Ehepaar lastete also sehr viel mehr als nur die Trauer um den Hund. Und, um auf Ihre Frage zurückzukommen, wenn Empathie und Feingefühl vorhanden sind, geht man unwillkürlich ein Stück des Weges mit dem Tierhalter mit. Für mich persönlich ist es das, was einen guten Tierbestatter auszeichnet."

Delos Tierbestattungs GmbH

Heideweg 1
25492 Heist
Tel.: 04122-9274813
Mail: kontakt@delos-tierbestattung.de
Web: www.delos-tierbestattung.de

Was ist zu tun, wenn der Hund verstorben ist?

Wenn man sein Tier bestatten lassen möchte, gibt es natürlich noch Alternativen zur Einäscherung in einem zugelassenen Tierkrematorium oder zur Beisetzung auf einem zugelassenen Tierfriedhof. Die offizielle Anfrage von FRED & OTTO im Schleswig-Holsteinischen Ministerium für Landwirtschaft und Umwelt hat ergeben, dass es mehrere Möglichkeiten gibt, ein Heimtier (das ist der Amtsbegriff für Hunde und Katzen) zu entsorgen.

1.
Verendete oder euthanasierte Heimtiere werden zwischen Nord- und Ostsee und auf den Schleswig-Holsteinischen Inseln auf Wunsch von zwei Unternehmen abgeholt: Im nördlichen Landesteil von der Firma Rendac mit Sitz in Jagel (Tel.: 04624 - 802 440) und im südlichen Landesteil von der Firma Nagel aus Neumünster (Tel.: 04321 - 529 192).

2.
In Schleswig-Holstein nehmen natürlich auch viele Tierarztpraxen die toten Heimtiere zur späteren Entsorgung gegen Zahlung einer Gebühr entgegen. Diese Gebühr variiert von Praxis zu Praxis. Außerdem gibt es in Schleswig-Holstein Tierfriedhöfe, die verstorbene Heimtiere bestatten.

3.
In bestimmten Fällen darf der Hundebesitzer seinen Hund auch auf dem eigenen Grundstück vergraben. Dabei müssen aber die gesetzlichen Vorgaben beachtet werden:

- Es dürfen nur einzelne Körper von eigenen Tieren auf dem eigenen Grundstück vergraben werden.
- Ein Hund darf nicht auf dem eigenen Grundstück vergraben werden, wenn dieses in einem Wasserschutzgebiet liegt.
- Ein Hund darf nicht auf dem eigenen Grundstück vergraben werden, wenn es sich in unmittelbarer Nähe öffentlicher Wege und Plätze befindet.
- In jedem Fall muss das vergrabene Tier mit einer Erdschicht von mindestens 50 Zentimetern bedeckt sein.

„Danke für die schönen Jahre mit Dir!“

Der Tierfriedhof in Norderstedt

Wie ein schöner Park wirkt das große Gelände direkt am Tangstedter Forst. Ein hübscher Rasen, viele Bäume, Natur pur. An diesem lauschigen Plätzchen sind schon sehr viele Tränen geflossen. Der Tierfriedhof Nord in Norderstedt ist ein Ort der Trauer. Hier darf um Hund, Katze, Meerschweinchen und Kanarienvogel geweint werden. Ein Wort sticht beim Rundgang immer wieder ins Auge: „Danke“. Es wurde in sehr viele Grabsteine gemeißelt. Ein schönes Wort, das alles sagt.

Jede einzelne Grabstätte erzählt eine Geschichte. Es sind alles Geschichten, die vom Zusammenleben und vom Abschied nehmen berichten und zu Herzen gehen. Eine Frau steht traurig am Grab ihres kürzlich verstorbenen Vierbeiners. Sie weint ganz leise. Ein Mann zupft ein bisschen Unkraut am Rande der letzten Ruhestätte seines Katers und putzt den Stein. Eine alte Dame legt eine Rose auf das Röhren-Grab ihres Wellensittichs. Es ist still an diesem Ort der Erinnerung, der Zwiesprache und der Tröstung.

Tierfriedhof dank der französischen Sprache

Der Hamburger Kaufmann Uwe Arthur Timm fuhr in den siebziger Jahren nach Paris und fragte dort nach dem Heldenfriedhof. Seine eher bescheidenen Französischkenntnisse brachten ihn tatsächlich auf einen Friedhof. Helden lagen vermutlich auch dort begraben – allerdings Vierbeinige! Timm war auf dem großen Pariser Tierfriedhof gelandet. Er war so berührt davon, dass er die Idee mitnahm und 1978 die Ruhestätte in Norderstedt gründete. Einige müheselige Behördengänge waren damals notwendig, um mitten in einem Landschaftsschutzgebiet Tiere begraben zu dürfen. Die Mühe hat sich, dank des Missverständnisses des heute 80-jährigen Uwe Arthur Timm in Paris, gelohnt: seit 30 Jahren dürfen sich die Menschen von ihrem tierischen Freund verabschieden, und zwar auf eine gebührende Art und Weise.

Tag und Nacht im Einsatz

Wenn das Diensthandy von Jürgen Becker klingelt, werden meistens traurige Nachrichten überbracht. Hund, Katze, Kaninchen oder Wellensittich sind gestorben und sollen beerdigt werden. Becker ist der Pächter des Tierfriedhofes Nord. Jeden Tag und jede Nacht sind er und sein Team erreichbar. Trauerarbeit steht an erster Stelle. „Zu uns kommen unterschiedliche Menschen. Die einen sind ganz gefasst, die

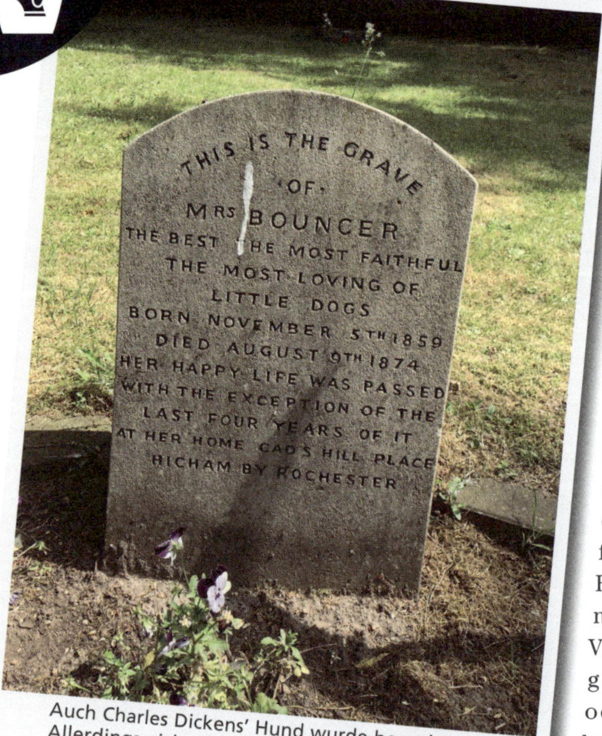

Auch Charles Dickens' Hund wurde begraben. Allerdings nicht Schleswig-Holstein

anderen sind völlig aufgelöst und können ihre Tränen gar nicht so schnell trocknen wie sie fließen. Es kommt auch darauf an, wie der Hund gestorben ist. War alt er war? Wurde er überfahren oder ist er eines natürlichen Todes gestorben?“ sagt Jürgen Becker. Er hat für alle Kunden ein offenes Ohr, für das Kind, das um sein Kaninchen trauert, für die junge Frau, die ihren Wellensittich beweint und für den alten Herrn, der seinem Hund einen würdigen Abschied bereiten möchte. Jürgen Becker hört zu, er hält die Hand und versteht. Sein eigener Hund liegt hier begraben. Auch Krümel, der Vierbeiner von Beckers Kollegen Martin Liedloff, hat in Norderstedt seine letzte Ruhestätte gefunden. Heute steht Retrieverhündin Mia an seiner Seite. Manchmal spendet Mia den Trauergästen Trost, genau wie Kater Jerry. Jerry übernimmt außerdem die wichtige Aufgabe, das hübsche hölzerne Friedhofshaus zu „bewachen“.

Leberwurst für die letzte Reise

Das Team vom Tierfriedhof Nord kann das verstorbene Tier zu Hause oder beim Tierarzt abholen. Es darf aber auch gebracht werden. Zunächst findet ein mitfühlendes Gespräch statt, dann folgen sachliche Details. Wie soll der Hund beerdigt werden? Anonym oder mit einem kleinen Gedenkstein, wird der Vierbeiner in eine Decke gehüllt oder bekommt er einen Sarg? „Einige Menschen möchten ihrem Hund gern noch das Lieblingsspielzeug mit in den Sarg legen. Ein Mann fragte sogar mal, ob er seinem Vierbeiner das begehrte Leberwurstbrot mit auf die letzte Reise geben dürfe. Er durfte!“ erinnert sich Jürgen Becker.

Was für ein Grab für Falko

Wer die Qual hat, hat die Wahl

Individuelle Gräber

Die Beisetzung findet auf Wunsch der meisten Menschen sofort statt. Nur bei einer Einäscherung muss etwa eineinhalb Wochen gewartet werden. Auf die Wünsche hinsichtlich der Grabgestaltung bemüht sich Jürgen Becker einzugehen. „Wir haben natürlich auch unsere Auflagen, aber die sind lange nicht so streng wie auf einem Friedhof für Menschen. Jeder darf sein Grab individuell und persönlich gestalten, es muss nur in den Rahmen passen", sagt der Pächter. Die Pflege der Einzelgräber, die mindestens drei Jahre gepachtet werden müssen, wird ebenfalls angeboten. Sobald das Grab geschlossen ist, wird es bepflanzt. Der Grabstein bekommt eine eigene Inschrift und wird später gesetzt. Einige Menschen mögen sich über ein Grab für den Hund oder ein anderes geliebtes Tier wundern. Sie schmunzeln vielleicht sogar ein bisschen darüber. Sie wissen nicht, was es bedeutet, mit einem Hund zusammenzuleben, ihn stets treu und bedingungslos liebend an seiner Seite zu haben. Und sie ahnen nicht, wie schmerzhaft der Abschied von so einem großartigen Freund sein kann. Martin Liedloff weiß: „Mit einer Bestattung und der letzten Ruhestätte können die Menschen ihrem Tier etwas zurückgeben von der Zuwendung, die sie selbst durch ihren Hund oder durch die Katze erfahren haben." Alle Grabstätten auf dem Tierfriedhof Nord sind nach dem Geschmack der Besitzer gestaltet. Manche bevorzugen Engel- oder Tierfiguren, andere legen lange Briefe auf den Stein. „Ich kann es noch gar nicht fassen, es ging alles so schnell...." schrieb ein Frauchen ihrem überfahrenen Rottweiler.

Rote Rosen, eine Sonnenblumen oder einen bunten Strauß frischer Blumen gibt es hier viele. Nicht ein Grab ist ungepflegt. Und immer wieder das Wort „Danke" als Inschrift auf vielen Grabsteinen. „Danke für die schönen Jahre mit Dir!" oder einfach nur „Danke!" Ein Wort, das auf den Friedhöfen der Zweibeiner nur sehr selten zu finden ist. Sind Tiere tatsächlich die besseren Menschen? Sie haben auf jeden Fall einen würdevollen Abschied und ein großes Dankeschön verdient. (Sabine Geest)

Tierfriedhof Nord

Wilstedter Weg 133, Glashütte
22851 Norderstedt
Jürgen Becker
Tel.: 0171 - 643 2026
Mail: info-tierfriedhof-nord.de
www.tierfriedhof-nord.de

„Als wir die Asche wieder ausgraben wollten, war der Friedhof voller Menschen."

Vor Ort in Schleswig-Holsteins einzigem Haustierkrematorium

Barbara Rohwer kümmert sich auch um die Hinterbliebenen.

„Als Billys Asche aus dem Krematorium zurückkam war uns klar, dass Mutters Münsterländer zu ihr ins Grab gehört", erzählt Claudia Vives. Ihre Tante, Inge Meier, ergänzt in Richtung Himmel blickend: „Billy und meine Schwester sind unzertrennlich gewesen. Die gehören einfach zusammen. Auch da oben." Die Knochenreste im Familiengrab vor den Toren Hamburgs unterzugraben, um Billy und sein Frauchen wieder zu vereinen, war kein Problem. Schwieriger war es, die Asche des Hundes ein paar Wochen später wieder auszugraben. Der Bruder verstarb plötzlich – und sollte natürlich im Familiengrab beigesetzt werden. „Normalerweise treffen Sie hier draußen auf dem Friedhof in der Woche keine Menschenseele.

Aber an dem Tag, als wir die Asche wieder ausgraben wollten, war der Friedhof voller Menschen." Eile war geboten, denn die beiden Damen hatten Angst, dass die Friedhofsgärtner beim Ausheben der Grabstelle für den Bruder die Röhrenknochen des vergrabenen Hundes finden und unangenehme Fragen stellen könnten. „Weil man das ja eigentlich nicht macht, Hundeasche auf dem Friedhof vergraben", merkt Inge Meier noch an. Billy wurde seinerzeit bewusst kremiert und nicht auf einem Hundefriedhof begraben, weil der Gedanke einer Zusammenführung von Hund und Frauchen gleich nach seinem Tod im Raum stand.

Hund und Frauchen sollten gleich nach seinem Tod zusammengeführt werden

Barbara Rohwer betreibt das Haustierkrematorium „Elysium" in Hohenwestedt, eine knappe Stunde nordöstlich von Hamburg.

Hier geht's zum Regenbogen

Das Elysium ist das erste und einzige Haustierkrematorium in Hamburg, Schleswig-Holstein und Mecklenburg-Vorpommern. Sie kennt diesen besonderen Wunsch von einigen ihrer Kunden, den eigenen Hund in der letzten Ruhestätte des Partners, Herrchens oder Frauchens mit beisetzen zu wollen: „In diesem Fall biete ich meinen Kunden an, die Asche nach der Kremierung zu zermahlen. Auf jeden Fall müssen die Hinterbliebenen mit der Friedhofsverwaltung sprechen und sich die Genehmigung einholen, die Asche des Hundes vergraben zu dürfen."

Auf Nachfrage von FRED & OTTO, nach welchen Maßgaben eine Genehmigung für die Beisetzung von Hundeasche in der eigenen Grabstelle erteilt werde, wollten sich die befragten Hamburger und Schleswig-Holsteinischen Friedhöfe übrigens nicht äußern. Mehr als 1,4 Millionen Hunde und Katzen sterben jedes Jahr in Deutschland. Auf dem Land werden bis zu 80 Prozent der Tiere, die beim Tierarzt sterben, von den Besitzern mit nach Hause genommen und im eigenen Garten vergraben. In der Stadt sind es noch knapp 40 Prozent, die ihr Haustier in der hinteren Ecke des Gartens, im Stadtpark oder direkt vor der Haustür auf dem Grünstreifen vergraben. Dabei sollte man sich allerdings nicht erwischen lassen, denn das beerdigen von Tieren auf öffentlichen Freiflächen und in Parks ist verboten und kann mit einer Geldstrafe von bis zu 20.000 Euro geahndet werden. „Menschen möchten ihr Tier bei sich behalten“, erklärt Barbara Rohwer. „Sie haben teilweise 10 bis 16 Jahre mit einem Hund zusammen gelebt. Das ist ein gleichwertiges Familienmitglied gewesen. Den vergessen Sie doch nicht einfach so.“

Durch den Schamottstein ist eine Verwechselung der Urnen ausgeschlossen

In Deutschland entwickelt sich eine Begräbniskultur für Haustiere

Bei einem Rundgang durch das in freundlichen, warmen Farben eingerichtete Gebäude erklärt die Schleswig-Holsteinerin den Ablauf einer Kremierung: „Unsere Kunden rufen uns an und dann fahren wir raus zu den Menschen nach Hause. Manch einer bringt seinen Hund auch persönlich bei uns vorbei.“ In diesem Fall wird der Hund auf einem mit Blumen und Kerzen geschmückten Tisch noch einmal aufgebahrt, so dass in Ruhe Abschied genommen werden kann.“ Das wird für Tierbesitzer zunehmend wichtiger. Natürlich gibt es auch hier Kritiker, die das als Vermenschlichung sehen. Dennoch ist es eine Tatsache, dass sich in Deutschland seit gut 20 Jahren eine eigenständige Begräbniskultur für Tiere bildet. Barbara Rohwer erzählt, dass sich immer mehr Hundebesitzer bereits im Vorfeld einer Kremierung ausführlich beraten lassen und eine richtige Bestattung wünschen. Die Aufbahrung ist dabei nur ein Punkt: „Neben Form und Farbe der Urne können Sie sich auch für eine Seebestattung entscheiden oder die Asche Ihres Hundes auf einem Hundefriedhof beisetzen lassen.“ Oder – halblegal – ins Grab von Herrchen, Frauchen oder anderen liebgewonnenen Familienmitgliedern eingraben. Die Asche zu verstreuen ist hingegen völlig legitim. „Der Tod ist nie schön“, sagt Frau Rohwer, „Außerdem erfüllen Tiere immer häufiger eine soziale Funktion.“ Ihr selbst, sagt sie, tut so ein Abschied immer sehr weh. Vor allem bei jungen Tieren, die plötzlich und unerwartet durch einen Unfall verstorben sind. „Ich darf das Leid und die Trauer nicht mit nach Hause nehmen. Da bin ich wohl so, wie eine Krankenschwester. Die lässt ihren Beruf auch draußen, wenn sie nach Hause kommt.“

Im Elysium-Haustierkrematorium gibt es unterschiedliche Arten der Einäscherung. Neben einer Gemeinschaftseinäscherung mit anderen Haustieren gibt es auch die Möglichkeit einer Einzelkremierung. Dann sind immer eine Urne und ein Zertifikat dabei. Eine Einäscherung findet auf Wunsch auch im Beisein der Hundebesitzer statt. Dann wird das Tier vorher sogar noch aufgebahrt.

Zwischen 860 und 1300 Grad wird Asche zu Asche

Der Wartebereich, „Raum der Ruhe" genannt, mit seiner bequemen Sitzecke strahlt die Atmosphäre eines eleganten Wohnzimmers aus. An der Seite kann man durch eine leicht getönte Glasscheibe direkt in den Kremierungsraum schauen. In diesem Raum steht unterhalb dieser Scheibe der Tisch mit Blumen und Kerzen, auf dem der verstorbene Hund aufgebahrt wird. Auf einem Rollwagen wird das Tier dann zur Kremierung gefahren. Durch die Glasscheibe ist die völlige Transparenz der Kremierung gewährleistet: Die Angehörigen können den letzten Weg ihres Haustieres mitverfolgen. Die moderne Anlage sorgt bei Temperaturen zwischen 860 und 1300 Grad für eine fachgerechte Einäscherung. „Wenn Sie Ihren Hund persönlich hier vorbeibringen und darauf warten möchten, die Asche direkt mit nach Hause zu nehmen, sollten Sie gute zwei Stunden Zeit einkalkulieren", erklärt Barbara Rohwer. Der genaue zeitliche Rahmen einer Einäscherung ist von der Größe und vom Gewicht des Hundes abhängig. Auch die Kosten einer Einäscherung richten sich im Krematorium nach dem Gewicht des Hundes und natürlich nach den besonderen Kundenwünschen. Immer bei einer Einzeleinäscherung dabei ist der kleine Schamottstein mit durchlaufender Nummer. Das verhindert eine Verwechslung der Asche, denn Tiere haben in unserer Gesellschaft eine soziale und emotionale Funktion. Das Elysium in Hohenwestedt bietet sogar einen Taxitransfer vom eigenen Zuhause zum Krematorium und wieder zurück an. Die Gruppeneinäscherung eines kleineren Hundes mit einem Gewicht von bis zu zehn Kilogramm kostet 109 Euro. Ein Hund derselben Größe kostet bei einer 5-Sterne-Einzeleinäscherung inklusive Urne, Blumenarrangement, Aufbahrung und einem Taxitransfer 430 Euro. Der Taxitransfer erfolgt dabei nach Absprache und ist kilometerabhängig. Wer rechtzeitig vorsorgen möchte, kann im Elysium bereits zu Lebzeiten seines Hundes den 4-Sterne-Sparplan abschließen und eine Kremierung über einen Zeitraum von vier Jahren in vierteljährlichen Raten anzahlen. Moderate Kosten, verglichen mit dem Angebot einer Belgischen Firma, die die Asche des eigenen Hundes zu einem Diamanten pressen lässt. Von 0,25 bis 1,00 Karat – ab 2.488 Euro.

Für jeden Geschmack etwas dabei: Die Urnen im Krematorium

Für Claudia Vives und ihre Tante Inge wäre das allerdings nie in Frage gekommen: Billy und Frauchen gehören eben für immer zusammen.

Elysium Haustierkrematorium

Böternhöfen 17
24594 Hohenwestedt
Barbara Rohwer
Tel.: 04871 - 708 655
Mobil: 0151 - 1626 7283
Mail: elysium@haustier-krematorium.de
Web: www.haustier-krematorium.de

Infos & Adressen

Die besten Adressen und Kontakte der
Sylter Hundewelt …

Züchter, Tierheim & Co.

BVZ - Berufsverband zertifizierter Hundetrainer e.V.
Andreas Heusinger von Waldegge (Vorsitzender)
Heinrich-Schütz-Allee 242
34134 Kassel
Tel.: 0561 40700775
Fax: 0561 50332157
Mobil: 0176 10424310
E-Mail: info@bvz-hundetrainer.de
Web: www.bvz-hundetrainer.de

Jagdgefährten e.V - 2. Chance für Jagdhunde
Annoweg 2
58675 Hemer
Tel.: 02372-76853
www.jagdgefaehrten.de
Die Jagdgefährten, allesamt Jagdhundeführer mit Leib und Seele, möchten diesen Hunden eine zweite Chance geben: die Chance auf eine art- und rassegerechte Haltung und die Chance auf eine glückliche gemeinsame Zukunft - ob als Jagd- oder einfach als Weggefährte. Wir vermitteln unsere Hunde an Jäger und Nicht-Jäger, die ihrer Aufgabe als Jagdhundehalter ehrlich gerecht werden wollen.

PJRTCG e. V.
Heinrich-Osterath-Str.305
21037 Hamburg
Patrizia Schnoor, 1. Vorsitzende
Tel.: 040-7373914
Fax: 040-73717891
E-Mail: PJRTCGeV@aol.com
Web: www.pjrt.info

Tierpension Stadum
Sprakebüller Straße 2
25917 Stadum
Tel.: 04662 5744
Fax: 04662 8838750
E-Mail: info@tierpension-stadum.de
Web: www.tierpension-stadum.de

Tierschutzverein Sylt e.V.
Keitumer Landstr.106
25980 Sylt OT Keitum
Tel.: 04651 - 33 5 33
Fax : 04651 - 33 5 33 (Fax-Kombi)
E-Mail: tierschutzverein-keitum@t-online.de
Web: www.tierschutzverein-sylt.de
Web: www.tierheim-sylt.de

Sitz & Platz

Die mobile Hundeschule
Inhaber: Heinz Reif
Deisenham 9
83308 Trostberg
Systemzentrale der mobilen Hundeschule für Europa
Tel.: 01805-339 111 oder 0049-(0)8621-648444
E-Mail: Info@chiemgauer-hundeschule.de
Web: www.die-mobile-hundeschule.com

GHSV Gebrauchshundesportverein Sylt
Beate Poldinger, 1. Vorsitzende
Am Sportplatz
25980 Keitum-Sylt
E-Mail: hoernumerhunde@hotmail.com
Web: www.facebook.com/pages/GHSV-Sylt-e-V/145877932167207

goldwolf.de
Mein Hund – Sein Portal
Marion Lukaschewski
Aachener Strasse 431
50933 Köln
Web: www.goldwolf.de
E-Mail: mail@goldwolf.de
Das deutschlandweite Seminar- und Veranstaltungsportal für alle hundebegeisterten Menschen!
Was? Wann? Wo?
Alle Angebote sortieren, vergleichen und direkt online buchen!
KOMM! SITZ! KLICK!

Stefanie Hausen
Zertifizierte Hundetrainerin (BVZ)
Tel.: 0172-1635495
E-Mail: sternie.sylt@gmx.de

Gassi & Co. / Reise & Verkehr

Am Kliff
Dünenstraße 17a
25996 Wenningstedt
Tel.: 04651 45688

Alte Bootshalle
Am Hafen
25992 List
Tel.: 04651 870383

Bäckerei & Konditorei Jürgen Ingwersen
Original Sylter Backkultur
Terpstig 76
25980 Sylt / Morsum
Tel.: 04651 823342
Fax: 04651 823340
E-Mail: info@ingwersen-sylt.de
Web: www.ingwersen-sylt.de

Campingplatz Rantum
Maik Ossenbrink
Hörnumer Straße 3
25980 Sylt/OT Rantum
Tel.: 04651 8892008
E-Mail: info@camping-rantum.de
Web: www.camping-rantum.de

Der kleine GOSCH
Friedrichstraße 26,
25980 Westerland
Tel.: 04651 835117

Die kleine Wäscherei
Mittelweg 12
25980 Sylt/OT Tinnum
Tel.: 04651 26772
E-Mail: kleinewaesche@aol.com

DOCK 2 Genusswirtschaft
Strandstraße 2
25997 Hörnum Sylt
Tel.: 04651 9575973
E-Mail: post@dock2-sylt.de
Web: http://dock2-sylt.de

GOSCH's Kneipe
Friedrichstraße 15
25980 Westerland
Tel.: 04651 834602

Fischmarkt & Shop / Alte Tonnenhalle
Am Hafen
25992 List
Tel.: 04651 8364137

Fisch Matthiesen
Stefan Matthiesen
Rantumerstraße 8
25997 Hörnum/Sylt
Tel.: 04651 881773
Web: www.fisch-matthiesen-sylt.de

Fränkische Weinstuben
Terpstig 87
25980 Sylt-Ost
Tel.: 04651 890440
Fax: 04651 978224
E-Mail: info@fraenkische-weinstuben-sylt.de
Web: www.fraenkische-weinstuben-sylt.de

Hafendeck Restaurant
Am Hafen
25992 List
Tel.: 04651 8360966

HOTEL HAPAG 54° NORD
Strandstraße 2
25997 Hörnum / Sylt
Tel.: 04651 449170
E-Mail: INFO@HAPAG54GRADNORD.DE
Web: www.hapag54gradnord.de

Hotel Hof Galerie
Serkwai 1
25980 Sylt / OT Morsum
Tel.: 04651 957050
E-Mail: info@hotelhofgalerie.de
Web: www.hotelhofgalerie.de

Hotel Neuwarft Ketelsen GmbH
Nordseestr. 20
25899 Dagebüll
Tel.: 04667 95140
Fax: 04667 537
Web: www.neuwarft-nordsee.de

Hotel Strand am Königshafen
Hafenstraße 41
25992 List / Sylt
Tel.: 04651 889750
Fax: 04651 8897555
E-Mail: info@hotel-strand-sylt.de
Web: www.hotel-strand-sylt.de

Insel Sylt Tourismus-Service GmbH
Strandstraße 35
25980 Sylt / Westerland
Tel.: 04651 9980
Fax: 04651 9986000
E-Mail: info@insel-sylt.de
Web: www.insel-sylt.de

Kiosk Baakdeel
Helga Winter
Rantumer Straße 2
25980 Sylt/OT Westerland
Tel.: 0171-7849320
E-Mail: winterbaakdeel@hotmail.de

Kupferkanne Kampen / Sylt
Ruth Rieck & Willi Schäfer OHG
Stapelhooger Wai
25999 Kampen Sylt
Tel.: 04651 41010
Fax: 04651 43810
E-Mail: info@kupferkanne-sylt.de
Web: www.kupferkanne-sylt.de

Kurverwaltung List auf Sylt
Landwehrdeich 1
25992 List/Sylt
Tel.: 04651 95200
Fax: 04651 952029
E-Mail: info@list-sylt.de
Web: www.list.de

Landhotel Tetens Gasthof
Hauptstraße 24
25923 Süderlügum
Tel: 04663 18580
Fax: 04663 185888
E-Mail: info@landhotel-tetens.de
Web: www.landhotel-tetens.de

Leinentausch
Persönliche Betreuung für Deinen Hund
Tel.: 0157 374 50 295
Email: kontakt@leinentausch.de
Web: www.leinentausch.de

Lister Fischhaus
Hafenstraße 16
25992 List
Tel.: 04651 871311

Nördlichste Fischbude Deutschlands
Am Hafen
25992 List
Tel.: 04651 870401

PIUS' Weinwirtschaft
Am Kliff 5
25980 Keitum
Tel: 04651 8891438
Fax: 04651 8891439
E-Mail: keitum@pius-weine.de
Web: www.pius-weine.de

Restaurant AMICI
C.-P.-Hansen-Allee 1
25980 Sylt - Keitum
Tel.: 04651 9570947
Fax: 04651 9368295
E-Mail: amici4@me.com
Web: www.amici-sylt.de

Restaurant Coast
Kreative Küche von Land und Meer
Stiindeelke 1
25980 Rantum (Sylt)
Tel.: 04651 1551
Fax: 04651 21096
E_Mail info@restaurant-coast.de
Web: www.restaurant-coast.de

Restaurant Knurrhahn
Am Hafen, 25992 List
Tel.: 04651 870765

Restaurant Sturmhaube
Riperstig 1
25999 Kampen/ Sylt
Tel.: 04651 995940
E-Mail: office@sturmhaube.de
Web: www.sturmhaube.de

Restaurant Vogelkoje GmbH
Lister Straße 100
25999 Kampen
Tel.: 04651 95250
Fax: 04651 952545
E-Mail: info@vogelkoje.de
Web: www.vogelkoje.de

Sylter Eismanufaktur Detlef Fügeisen
Dünenstr. 3
25992 List
Tel.: 04651 8356810
Fax: 04651 8356811
E-Mail: kontakt@sylter-eismanufaktur.de
Web: www.sylter-eismanufaktur.de

Sylter Ferienkontor
Exklusiver Urlaub direkt am Watt
Stiindeelke 1
25980 Rantum (Sylt)
Tel.: 04651 1660
Fax: 04651 21096
E-Mail: info@sylter-ferienkontor.de
Web: www.sylter-ferienkontor.de

Tierpension Stadum
Inh: Sina Barth
Sprakebüller Str. 2
25917 Stadum
Tel.: 04662 5744
Web: www.tierpension-stadum.de

Trekking-Dogs
Andrea Preschl
60433 Frankfurt
E-Mail: kontakt@trekking-dogs.de
Web: www.trekking-dogs.de

Wonnemeyer am Strand Nr.1
25996 Wenningstedt/Sylt
Britta Wonneberger & Rüdiger Meyer
Tel.: 04651 45299
Fax: 04651 43150
E-Mail: info@wonnemeyer.de
Web: www.wonnemeyer.de

wuff & weg!
Hier kommt Ihr Urlaub auf den Hund
Doris Grüneberg
Geschäftsführerin
Mörfelder Landstr. 62
60598 Frankfurt am Main
Tel.: 069-96 237 045
Fax: 069-96 237 046
E-Mail: kontakt@wuffundweg.de
Web: www.wuffundweg.de

Hundestrände

List
- Strandabschnitt 17 (Textil-Strand) im südlichen Bereich
- Strandabschnitt 19 (FKK-Strand) im südlichen Bereich
- Lister Ellenbogen

Kampen
- Nord: Abschnitt A im FKK-Bereich (Strandübergang Buhne 16)
- Süd: Abschnitt N (Strandübergang Sturmhaube)

Wenningstedt
- Nord: Übergang Campingplatz
- Süd: Übergang Seestraße

Westerland
- Nord: Strandübergang Nordseeklinik
- Süd: Strandabschnitt Baakdeel (hier gibt's die leckeren Hundekekse von Helga Winter)
- Dikjen Deel

Rantum
- Nord 15 (Campingplatz)
- Süd 5 (Henning-Rinken-Wai)
- Süd 9 Tadjem Deel/FKK Strand
- Samoa/FKK-Strand
- Sansibar/FKK-Strand

Hörnum
- Textilstrand (Übergang Aralsteg)
- FKK Strand (Übergang Restaurant „Kap-Horn")

Freilaufflächen

Wenningstedt
- hinter dem Parkplatz der Nordseeklinik

Westerland
- Lorens-de-Hahn-Straße/Ecke Halemdür (Hauptstraße in Richtung Rantum, am Ortsende von Westerland linker Hand)
- Bahnweg/Ecke Culemeyerstraße (an der Einfahrt zum Westerländer Flughafen)

Shopping & Lifestyle / Leben & Arbeit

Dogs-Castle
The finest for Dogs
Tel.: 0049-02162-5307724 mit AB. (bitte hinterlassen Sie Ihre Rufnummer und den Namen, da wir später zurückrufen)
E-Mail: info@dogs-castle.de
Web: www.Dogs-Castle.de, www.Dogscastle.de

Dog Toy
Onlineshop Kerstin Schulz
E-Mail: info@dog-toy.de
Web: www.dog-toy.de

Fashydogs
Julia Martsch
Tel.: 03329 697011
Fax: 03329 697576
E-Mail: info@fashydogs.de
Web: www.fashydogs.de

Die Flechtwerkstatt
Edles Flechtwerk nach Maß
Walderseestr. 11a
25551 Hohenlockstedt
E-Mail: dieflechtwerkstatt@t-online.de
Web: www.dieflechtwerkstatt.de

hundskerle
Wendelsteinstraße 10 / Dreitorspitzstraße
85591 Vaterstetten bei München
Tel.: 08106 2130 282 Laden
Tel.: 089 46 2000 51 Büro
Fax: 089 46 2000 52 Büro
E-Mail: info@hundskerle.de
Web: www.hundskerle.de

Mellow Bello
Dockenhudener Straße 4-6
22587 Hamburg
Tel.: 040 86628200
E-Mail: info@mellow-bello.de
Web: www.mellow-bello.de

Puppy & Prince Online Hundeshop
Internationales Hundezubehör
Giesbethweg 27
91056 Erlangen
Tel.: 09135-210 838
E-Mail: info@puppyundprince.de
Web: www.puppyundprince.de

„Quartier3Neun"
Stefan Wolf
Keitumer Landstraße 10c - „Alte Meierei"
25980 Sylt/OT Tinnum
Tel.: 04651-9428747
E-Mail: info@quartier3neun.de
Web: www.quartier3neun.de
Der Interior Designer Stefan Wolf bietet in dem stylischen concept store die originellsten Gegenstände aus den Bereichen ‚dog, living & lifestyle' an.

SANSIBAR
Restaurant, Textil- und Weinhandel
Inh. Herbert Seckler
Hörnumer Str. 80
25980 Sylt OT Rantum
Tel.: 04651 964618
Fax: 04651 964647
E-Mail: info@sansibar.de
Web: www.sansibar.de

Stil & Blüte
Birte Petersen
Gurtstig 33
25980 Sylt / Keitum
Tel: 04651-936191
Fax : 04651-936178
E-Mail: stilundbluete@hotmail.com
Web: www.stilundblüte-sylt.de
Leckeres und Schönes für den Hund.
Blumen, Vasen, Schmuck, Taschen und viele zauberhafte Geschenkartikel finden sie in unserem kleinen Laden mitten im schönsten Ort der Insel, in Keitum.

Sylter Hundeshop
Anke Metz
Alte Dorfstraße 3a
25980 Tinnum
Tel.: 0171-5403771
Mail: info@sylter-hundeshop.de
Web: www.sylter-hundeshop.de

Taras Hundecookies
(Sylter Leberwurstkekse)
Bernhard Ebers
Tel.: 07675 928999
Fax: 07675 9298825
E-Mail: dagmar @ hundecookies.biz
Web: www.hundecookies.biz

tiierisch.de
Tel.: 0461 31801221 (Werktags 9-17 Uhr)
Fax: 0461 31801220
E-Mail: info@tiierisch.de
Internet: www.tiierisch.de

Treusinn
Rosner & Lang von Langen GbR
Tel.: 089 62146455
Fax: 089 62231077
E-Mail: info@treusinn.de
Web: www.treusinn.de

Futter & Philosophie

BE-GA Fleisch
Fleischgroßmarkt Hamburg
Lagerstraße 17
20357 Hamburg
Joachim Meyer
Tel.: 040 435283
Fax: 040 4303424
E-Mail: info@bega-fleisch.de
Web: www.BEGA-Fleisch.de

Edenfood
Aus Liebe zum Tier
Tel.: 089 2885 9490
E-Mail: info@edenfood.de
Web: www.edenfood.de
Web: www.facebook.com/edenfood.de
Im Familienbetrieb stellt Edenfood Tierfutter in BIOLebensmittelqualität her, welches perfekt auf die Bedürfnisse unserer Hunde und Katzen abgestimmt ist und durch seine nachhaltige und ökologische Produktion zum Umwelt- und Tierschutz beiträgt.

Hamburger Kugeln
Tatiana Gritsenko
Tel.: 040 94366224
E-Mail: bahrenfelderhund@googlemail.com
Web: www.hamburgerkugeln.de
Manufaktur für Hundetrüffel!

Sylter Hundeshop
(ausschließlich Lieferservice)
Anke Metz
Alte Dorfstraße 3a
25980 Tinnum
Tel.: 0171-5403771
E-Mail: info@sylter-hundeshop.de
Web: www.sylter-hundeshop.de

Wundertier
Naturkost & Drogerie für Haustiere
Garchinger Str. 36
80805 München
Tel.: 089 -17929942
E-Mail: info@wunder-tier.de
Web: www.wunder-tier.de

Gesetz & Ordnung / Politik & Soziales

Rechtsanwaltskanzlei Thalwitzer
René Thalwitzer
Isoldenstraße 10a
95445 Bayreuth
Tel.: 0921 1512341
Fax: 0921 1512342
E-Mail: mail@kanzlei-thalwitzer.de
Web: www.kanzlei-thalwitzer.de

Gesundheit & Wellness

Pam´s Hundesalon & Steffi´s Hundestudio
Keitumer Landstraße 10b
25980 Sylt OT-Tinnum
Tel.: 04651 35806
Pam: 0172-7208653
Steffi: 0170-5511681
E-Mail: steffi@phush-sylt.de
Web: www.phush-sylt.de

Praxis für Tierphysiotherapie und Tier-Rehabilitation Sylt
Ulrike Grasedieck
Hoyerweg 25
25980 Westerland
Tel.: 04651 4490218
E-Mail: info@tierphysio-sylt.de
Web: www.tierphysio-sylt.de

Tierarztpraxis Kobilinski
Ivonne von Kobilinski
Kiarwai 12
25980 Sylt/OT Tinnum
Tel.: 04651 2997791
E-Mail: kobilinski@t-online.de
Web: www.tierarzt-sylt.de

Tierheilpraktikerin & Tierkommunikatorin
Katja Kleefeld
Tel.: 04651-8320761
Mobil: 0176-22793534
Mail: katjakleefeld@yahoo.de

Gott und die Hundewelt

Delos Tierbestattungs GmbH
Heideweg 1
25492 Heist
Tel.: 04122 9274813
E-Mail: kontakt@delos-tierbestattung.de
Web: www.delos-tierbestattung.de

Elysium Haustierkrematorium
Barbara Rohwer
Böternhöfen 17
24594 Hohenwestedt
Tel.: 04871 708655
Mobil: 0151-16267283
E-Mail: elysium@haustier-krematorium.de
Web: www.haustier-krematorium.de

Kirchengemeinde Langenfelde
„Zum guten Hirten"
Försterweg 12
22525 Hamburg
Pastor Holger Janke
Tel.: 040 545149
E-Mail: buero@kg-langenfelde.de
Web: www.kg-langenfelde.de

Tierfriedhof Nord
Wilstedter Weg 133, Glashütte
22851 Norderstedt
Jürgen Becker
Tel.: 0171-6432026
E-Mail: info-tierfriedhof-nord.de
Web: www.tierfriedhof-nord.de

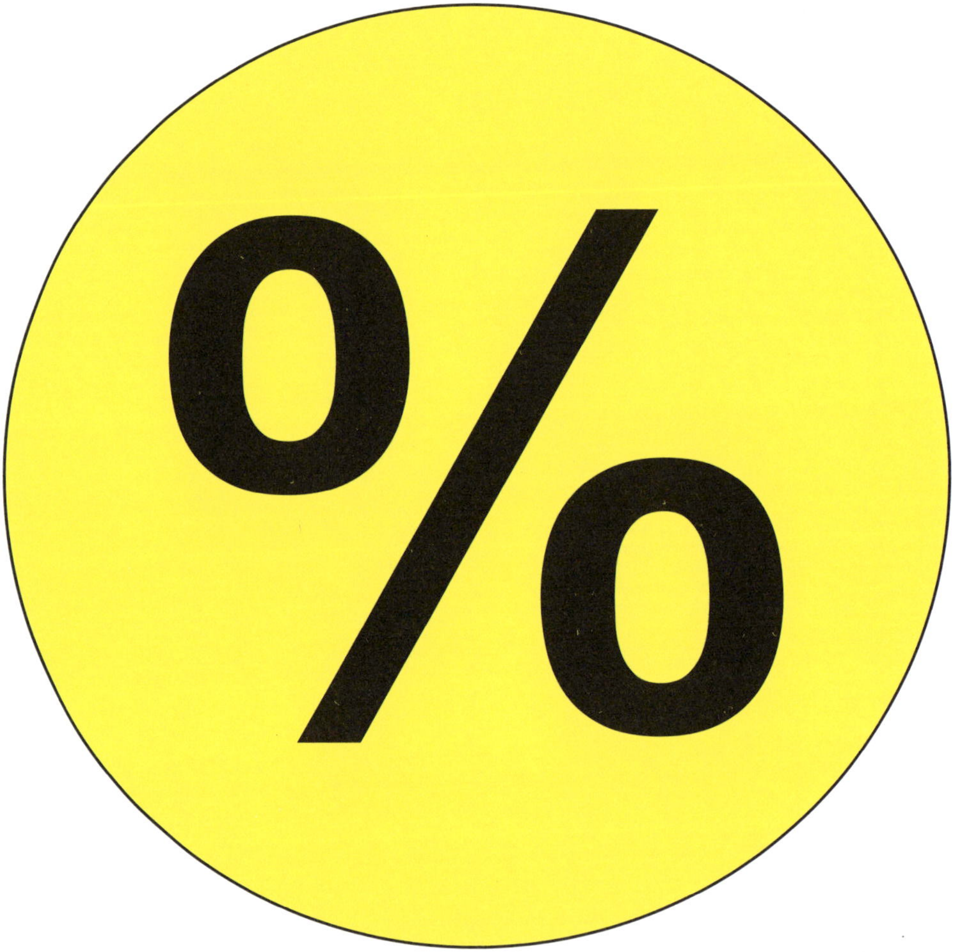

Rabatt-coupons

%

Rabattcoupons

FRED&OTTO

Rabattcoupons

Felldummy.de
Anke Haller
Mobil: 01719839868
Mail: anke@felldummy.de

Gutscheincode: FRED&OTTO
1 x pro Kunde 10 % Rabatt
auf www.felldummy.de

Mister Mo

Gutscheincode: Gutschein-Fred&Otto
Bei dem Gutschein handelt es sich um einen 10% Rabatt-Gutschein.

www.mister-mo.de

Wundertier®
NATURKOST & DROGERIE
FÜR HAUSTIERE

Wundertier
Naturkost & Drogerie für Haustiere
Garchinger Str. 36
80805 München
Tel.: 089 -17929942
Mail: info@wunder-tier.de
Web: www.wunder-tier.de

Sie erhalten einmalig zu Ihrer Bestellung bei www.wunder-tier.de die wunderbare Wundertiertüte mit vielen Überraschungen.

Gutscheincode: Fred&Otto

Rabattcoupons

FRED&OTTO

FRED&OTTO

FRED&OTTO

Rabattcoupons

... die Tierconfiserie mit Herz

Einkaufs-Gutschein

Mit diesem Gutschein erhalten Sie einmalig **10%** auf Ihren Einkauf bei der Tierconfiserie WauiMiaui unter **www.wauimiaui.de**

Gutschein-Code: **Fred&Otto**

CANIA.de

Qualität & Design für Hund, Katze und dich!

Gutscheincode: FredOtto

Du erhältst einmalig 10 % Rabatt auf deinen Einkauf bei:

www.cania.de

Stil & Blüte
Blumen und mehr

Bei einem Einkauf ab 15 Euro in unserem Laden erhalten Sie einen Sylthundekeks gratis!

Stil und Blüte
Gurtstig 33
25980 Sylt / Keitum

%

Rabattcoupons

FRED&OTTO

FRED&OTTO

FRED&OTTO

Rabattcoupons

Kerstin Schulz
Siemensstr. 6
84478 Waldkraiburg

Telefon +49 (0) 8638 - 98 41 34 0
Fax +49 (0) 8638 - 98 41 34 1
Email info@dog-toy.de

Ab einem Bestellwert von 15 Euro erhalten Sie 100 Gramm Softies gratis

Gutscheincode:
Fred-und-Otto-Sylt

Green Petfood for planet

Ihr Vorteil: Beim Kauf des ersten 15 kg-Sacks Flexidog schenken wir Ihnen die stabile und multifunktional einsetzbare 70 Liter-Futtertonne dazu!

Gutscheincode: FREDUNDOTTO

www.green-petfood.de

Edenfood – Aus Liebe zum Tier

4 für 3 – Überzeugen Sie sich und Ihren Vierbeiner von Edenfood!

Beim Kauf von 3 Gläsern Edenfood Tiernahrung in BIOLAND Qualität schenken wir Ihnen ein weiteres Glas!

Mehr über Edenfood
www.edenfood.de | www.facebook.de/edenfood.de

Einlösbar gegen Vorlage dieses Coupons be
Quartier3neun | Keitumer Landstraße 10c | Alte Meierei | 25980 Sylt/OT Tinnum

Rabattcoupons

FRED&OTTO

FRED&OTTO

FRED&OTTO

Holger Wetzel · Mike Meinert
Stadtführer für Hunde
FRED&OTTO
Unterwegs in Hamburg

Mark Lederer
Stadtführer für Hunde
FRED&OTTO
Unterwegs in Düsseldorf

Inga F. Sprünken
Stadtführer für Hunde
FRED&OTTO
Unterwegs in Köln

Alexander Schug
Stadtführer für Hunde
FRED&OTTO
Unterwegs in Berlin

Myriam Hoffmann · Bertold Werkmann
Stadtführer für Hunde
FRED&OTTO
Unterwegs in Frankfurt am Main

Almut Otto
Stadtführer für Hunde
FRED&OTTO
Unterwegs in München

Holger Wetzel · Mike Meinert
Inselführer für Hunde
FRED&OTTO
Unterwegs auf Sylt

Hedi Breit
Stadtführer für Hunde
FRED&OTTO
Unterwegs in Wien

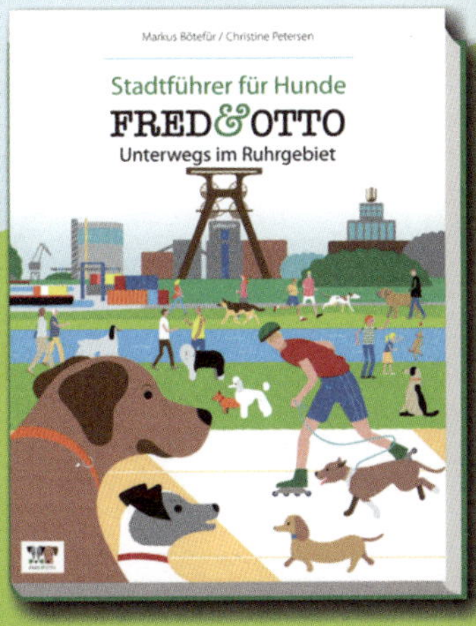
Markus Bötefür / Christine Petersen
Stadtführer für Hunde
FRED&OTTO
Unterwegs im Ruhrgebiet

Rupert Fawcett

Leinenlos! (Off the Leash)

Das geheime Leben der Hunde

Fantastisch und treffend beobachtet, herzerwärmend!

Der Facebook-Erfolg mit über 200.000 Freunden erstmals als Buch!

Umfang: 160 S.
Format: 14 x 15,5 cm
Ausstattung: Klappenbroschur
Abb.: 160 Cartoons
ISBN: 978-3-95693-001-0
Preis: **9,90 Euro**
Verlag: www.fredundotto.de

Wollten Sie auch schon immer wissen, was ihr Hund wirklich denkt? Rupert Fawcetts Cartoon-Serie "Off the Leash" über die geheimen Wünsche der Hunde hat in kürzester Zeit eine weltweite Fangemeinde gefunden. Der sensationelle Facebook-Erfolg des Londoner Kult-Cartoonisten liegt nun erstmals gesammelt in einem Buch vor: Fantastisch und treffend beobachtet, herzerwärmend komisch mit bissigem britischem Humor. Ein kurzweiliger Comic-Spaß – nicht nur für Liebhaber der schwanzwedelnden Vierbeiner.

Rupert Fawcett hat mit seinem Cartoon "Off the Leash" einen spektakulären Erfolg in der angelsächsischen Welt gehabt. Der Zeichner lebt mit seiner Familie in London und mag Hunde - und weiß, was sie wirklich über uns denken!

Barbara Wrede

Wartende Hunde

Ein Buch über die Treue

Der schön ausgestattete Bildband enthält über 100 Fotografien und Texte der Künstlerin. Herausgekommen ist ein Buch für alle Hundefans - und treue Menschen (und die, die es werden sollten).

Umfang 200 S.
Format: 22 x 19 cm
Abb.: 160 Bilder
Hardcover
ISBN 978-3-9815321-2-8
Preis: **22,90 Euro**
Verlag: www.fredundotto.de

Ein wunderbares Buchgeschenk: Seit 1994 fotografiert die Berliner Künstlerin Barbara Wrede wartende Hunde. Die Serie „Wartende Hunde" ist Hachiko, dem japanischen Akita gewidmet, der 10 Jahre am Bahnhof auf sein verstorbenes Herrchen gewartet hat. Zugleich ist die Serie ein Versuch über die Treue.

Die Fotos der Serie „Wartende Hunde" entstanden nicht nur in Berlin, sondern auch auf Reisen nach Venedig, New York und in vielen anderen Orten.

Die Künstlerin Barbara Wrede aus Berlin gründete den Köterklub. In ihrem Atelier porträtiert, fotografiert und zeichnet sie Hunde und betreibt meditative, bis zu einem Quadratmeter große Fellstudien. Mit Buntstift.